时光如雨，
我们都是在雨中行走的人，
你要找到属于自己的伞。

生命不在于长短，而在于是否痛快地活过。

强大不是能征服什么，而是能承受什么。

不必去讨好所有人，正如不必铭记所有昨天。

精致是一种态度,即使生活艰难,也要内心优雅。

不畏前路艰辛，认真活成你喜欢的自己。

做个刚刚好的女人

听风——著

时代文艺出版社

图书在版编目(CIP)数据

做个刚刚好的女人 / 听风著.
— 长春:时代文艺出版社, 2017.1
ISBN 978-7-5387-5331-8

Ⅰ. ①做… Ⅱ. ①听… Ⅲ. ①女性-成功心理-通俗读物
Ⅳ. ①B848.4-49

中国版本图书馆CIP数据核字(2016)第284520号

出品人	陈琛
产品总监	郭力家
责任编辑	王默涵
项目策划	紫图图书ZITO
监　制	黄利　万夏
丛书主编	郎世溟
特约编辑	申蕾蕾　李佳倩
内文插画	卜若梨
装帧设计	紫图图书ZITO

本书著作权、版式和装帧设计受国际版权公约和中华人民共和国著作权法保护
本书所有文字、图片和示意图等专用使用权为时代文艺出版社所有
未事先获得时代文艺出版社许可
本书的任何部分不得以图表、电子、影印、缩拍、录音和其他任何手段
进行复制和转载，违者必究

做个刚刚好的女人

听风 / 著

出版发行 / 时代文艺出版社
地址 / 长春市泰来街1825号　时代文艺出版社　邮编 / 130011
总编办 / 0431-86012927　发行部 / 0431-86012957　北京开发部 / 010-63108163
官方微博 / weibo.com/tlapress　天猫旗舰店 / sdwycbsgf.tmall.com
印刷 / 北京艺堂印刷有限公司
开本 / 880毫米×1230毫米　1/32　字数 / 105千字　印张 / 6.5
版次 / 2017年1月第1版　印次 / 2017年1月第1次印刷　定价 / 39.90元

图书如有印装错误　请寄回印厂调换

Contents _ 目录

Part 1 单纯地爱一个人
不攀附，不将就

低质量的恋爱不如高质量的独处	002
好的爱情就是找到愿意和你一起成长的人	008
这才是嫁给爱情的样子	012
保持少女心是一种超能力	016
恩爱是感觉，安静不炫耀	020
不要做备胎，你配得起更好的人	023
真不是因为穷，他只是不够爱你	027
愿你的成长不是来自伤害	032
尽可能单纯地爱一个人	037
确有其实的爱，其实不必作	042
我曾以为付出所有才是爱你	047

Part 2 用专业赢得尊重
不逞强，不妥协

职场没有男女之分，用专业赢得尊重　　054
所有为梦想的坚持都有意义　　058
努力的姑娘运气不会太差　　064
独立的女人最性感　　068
永远都要内心强大　　072
学做聪明女人　　078
比美貌更动人的是女人的风度　　082
不断改变，才会给人生带来新的可能　　086
摆脱贫穷思维，做会赚钱的女人　　090

Part 3 能享受最好，也能承受最坏
不喜，不悲

你不必讨全世界喜欢　　098
你被套路了，还舍不得放手　　103
你只是看起来过得很好　　108
有趣，是女人最高级的魅力　　112
别让生活消磨了你的精致　　116
你的气质里藏着曾走过的路，读过的书　　121
聪明的女人懂得优雅老去　　126

Part 4　越自律的人生越自由
不放纵，不压抑

你这么不自律，还想有多自由	132
不做太懂事的女人	138
时刻记得宠爱自己	143
活成自己喜欢的样子	148
做个见过世面的女人	153
不做情绪的奴隶	157

Part 5　没有界限，就没有尊重
不讨好，不回避

对待恶意，该撕就撕	162
与人保持恰到好处的距离	166
珍惜眼前人	170
懂得拒绝	174
常怀感恩之心	177
你很棒，为什么要自卑？	182
会说话的女人更幸运	186

Part 1

单纯地爱一个人

不攀附，不将就

低质量的恋爱不如高质量的独处

独处是灵魂生长的必要空间。

大学毕业后,以为自己经济独立了就可以逃脱父母的管束,可以自由自在地过自己的生活,可谁想到,刚从一个火坑里爬出来就跳进了另外一个火坑,亲朋好友的催相亲、催结婚模式正式开启。我也曾被逼着去见各种男人,老爸老妈都没有亲眼见到过那些人就拉着我去相亲吃饭,所以奇葩的是我见了一个聋子,甚至还有一个比我大十三岁的男人。我是坚决反对父母为了把女儿嫁出去的这种自私行为的,但是奈何身不由己,只能硬着头皮去应付着这种无聊的饭局。我下定决心,绝对不随随便便找个人就恋爱,因为我知道,那样的恋爱会让我变得很糟糕,至少要找到我的

Mr.Right 谈一场高质量的恋爱。

还记得大学的时候,曾经对爱情充满了幻想,无比羡慕那些为了爱情努力奋斗的有志青年,我也想遇到一位可以让我为之疯狂的男神,若真可以,我做什么都愿意。然而我并没有遇到男神,自然也就没有办法去做那些疯狂的事。传说恋爱可以让人变得美好,但当真的看到恋爱中的朋友时,我反而觉得并不是所有的恋爱都可以让人变得美好。

朋友豆豆是我们宿舍最早开始恋爱的,对于我这种恋爱小白来说,他们在一起的所有事情都会勾起我的好奇心。我期望上演一个灰姑娘变成公主并和王子过上幸福生活的故事,可是我失望了,我看到了一个灰姑娘变成了妈妈桑。

与我们脑海中的电视剧情节不同,不是男朋友给豆豆排队买早餐、打开水,而是豆豆每天早上把开水打好、早餐买好,然后打电话像哄孩子似的哄她男朋友起床。去上课都是她先去占座位。后来女生宿舍的水房出现了男生的衣服,没错,是豆豆帮她男朋友洗的。从此豆豆像变了一个人似的,以前的大波浪剪成了小短发,据说是没时间打理,以前偶尔化的淡妆几乎再也没有出现在豆豆脸上，她也很少再陪我们出去逛街玩耍，总是说要陪男朋友……

我觉得在朋友的这场恋爱里，爱情的天平偏的太多了，这完全是一场毫无质量可言的恋爱，一味地一厢情愿和付出让朋友迷失了自我，她的恋爱没有让她变得更好却让她变得更糟糕。后来豆豆分手了，令我吃惊的是，她没有沉沦在失恋的苦海，很快振作了起来。她说，分手了反而感觉解放了，不用再担心他生气，不用再为了他放下自己想做的事情。没多久，她又恢复了以前的开朗，她开始去做自己想做的事情，开始认真学习并好好规划了自己的未来。

我也有一些同学，她们已经结婚甚至孩子都可以打酱油了，不知道她们的恋爱和婚姻是否让她们变成了更优秀的人，但是我始终坚信在未来的路上绝对不能因为孤单、因为外界的压力而对生活妥协，找一个并不中意的人恋爱甚至结婚是最愚蠢的行为。

与其在低质量的恋爱中消耗青春，还不如选择一个人独处，学习一些技艺，哪怕养花、品茶，学习Word、PPT，研究面膜和化妆，总之做自己感兴趣的事情，让自己变得更好就没有对不起流逝的光阴。

我身边也不乏这样的姑娘，她们有的一直没有遇到自己的如意郎君，而选择一个人，有的结束了不幸的恋爱或婚姻生活回归单身。但是她们有一个共同点：她们都过得很好——有自己的工作，有自己的朋友圈子，逛街、看电影、做美容，再抽出时间去报班学习提升自己。是的，没错，这样高质量的独处，比一段耗费精力的恋爱更有价值。

我见过有的女孩子一直处于恋爱的状态，她们切换自如，从一场恋爱到另一场恋爱，几乎可以无缝衔接。也许是用这样的方法显示自己的魅力，或者只有这样才能排遣心中的孤独。可是到最后她们迷失了自己，甚至不清楚自己究竟想要什么。她们没有留给自己独处的时间，殊不知独处是提升自己的最好时机。

小美是我的小学同学，基本是小学毕业后就没联系过，最近小学同学建了个微信群，失散多年的老同学又有了联系，我才知道小美高中毕业后没有考上大学。我以为她会像很多老家不上学的孩子一样，早早地结了婚有了孩子，安安稳稳度过一生。令我惊讶的是，小美竟然还是单身。她高中毕业后并不想早早地成为笼子里的金丝雀，只身一人去了上海，一边工作，一边自学本科。她把自己安静又善于思考的性格发挥到了极致，虽然学历不如别人，但是文案是写的最棒的。

我问她，为什么不谈恋爱，她说：曾经遇到过一个男人，但总觉得配不上他，使尽浑身解数对他好，可是自己却变成了自己不喜欢的样子，也遭到了他的嫌弃。后来分手了，说起来还真要感谢他，要不然也不会想明白自己想要什么。其实根本没有必要担心自己会孤老终生，一个人的时候就好好提升自己，比起花费大量精力去应付一场糟糕的恋爱要划算，总是要先把自己变得更好才会吸引来值得你深爱的人。

这个无论是生活中还是工作中能用跑就不要用走的社会，给人们带来的焦虑是在所难免的。其实二十几岁的单身女孩子，真的没有必要焦虑，更没有必要为了脱单而脱单。就算是一坨屎，也有遇到屎壳郎的那天，所以你大可不必担心自己。这样的年纪，正是可以用来提升自己的时候。找一份自己喜欢的工作，可以挣钱养活自己；掌握生活的技巧，让自己变得独立；花时间和精力去健身，保持健康和好身材；去旅行，去开阔眼界；

去学习，去增长知识；去社交，去认识新朋友；去跳舞，让自己变得优雅……

当你真的这样做了，你还用担心找不到那个能与你共度一生的白马王子吗？

一场低质量的恋爱和一个高质量的独处，我想明智的姑娘都知道该如何选择。所以在你还没有遇到与你彼此相爱的人之前，请独处。

好的爱情就是
找到愿意和你一起成长的人

> 好的爱情,是你通过一个人看到整个世界;而坏的爱情,是你为了一个人舍弃全世界。

找到一个对的人,遇到一份好的爱情是一件美妙的事情。那个对的人是跟你步调一致的人,是可以和你一同成长的人。

三年前,表姐遇到了表姐夫,他们俩特别恩爱,在一起以后,我的朋友圈全是他俩各种秀恩爱的照片。看着那些照片,我都有点儿不认识表姐了,他俩做的事情不得不让我感叹:太幼稚了!水彩笔画个大花脸、拍无厘头搞怪视频,还有她以前从来不会做的鬼脸……我跟表姐说,你怎么变得这么幼稚,你以前从来不会这样的。"当然会这样啊,因为他是那个让我放下架子的人,我们彼此是最真实的自己,是还没有长大的自己。我们都在自己的路上共同成长,即使有时可以变成两个小孩子。"表姐的笑容格外灿烂,"你以后也会这样的。""我才不会,我要找的男人是成熟稳重型的,他什么事情都可以给我安排好,什么都不用我操心,任何事情都可以处理得当。这样的男人怎么可能会跟我一起幼稚嘛。"我不以为然。"你就很幼稚了,要找一个成熟稳重的男友?!你觉得你们会有共同话题吗。你们根本不在同一个水平上,人家没准会嫌你幼稚,跟你无话可说呢。你要是想找到一个成熟的男友,那你就得先让自己变得成熟。"

后来我见证了表姐的幸福,不得不承认她的话没错,步调不一致的两个人真的很难长久。表姐说这三年来,她和表姐夫相互扶持,很多事情相互沟通、探讨,两个人都在进步,以相同的频率共同成长,他们的爱情像加了催化剂一样,随着时间的流逝更加深爱彼此。看着他们如此幸福,我不得不由衷地祝福表姐,也感谢她曾经的那句忠告:找个能和你一同成长的爱人。

很多情侣们,都逃不开毕业分手的诅咒。

大学的好朋友和她的男友相恋四年,我们一直觉得他俩是郎才女貌,天生一对,以后毕业了也会继续牵手直到走进婚姻的殿堂,但没想到他们毕业没多久就分手了。

朋友是美女学霸,有理想有抱负,对于自己每个阶段的人生目标都规划得很清楚。本科毕业后要读研,连哪所学校都选定了。于是大四开始,她就每天泡在自习室和图书馆,为考研做准备。朋友的男友很帅气,又是班长,但他并没有考研的想法,他想大学毕业后找份稳定的工作,与朋友结婚生子,过幸福平淡的生活。于是大四的时候就忙着实习,搞毕业活动,打球,陪宿舍的兄弟们通宵打游戏。

在这一年时间里,他们的交集和共同语言越来越少。毕业后没多久,便自然而然地分了。

爱人间步调一致就像琴瑟和音时弹奏出来的优美乐曲,余音绕梁,不绝于耳;而不能同你一起成长的爱人,即使再想抓住彼此也免不了有天会渐行渐远。

人各有所好,两人一开始因为一些共同的东西走到一起,但是在成长的路上没有互相扶持,成长的速度不同,总会有一个出局,导致最后只能分道扬镳。

好的爱情可以相伴奏出和谐的乐章,在相爱的路上相互鼓励，共同成长。他不会看到你在成长的路上跌跌撞撞而袖手旁观，不会为了自己而让你放弃你原本想走的路，也不会因为你遭遇人生低谷离你而去，或者在你正走向人生巅峰时故意拖住你的脚步。而坏的爱情各有各的自私，他可以为了自己而让你放弃整个世界。

人生太长，找一个对的人在一起，他愿意与你共同成长；和他在一起，你能成为更好的自己，看到更好的世界。

这才是嫁给爱情的样子

> 嫁给爱情的女人才会更加美丽。

《活着》摄影栏目曾经做过一期叫"爱情的样子"的专题。爱情,令无数人憧憬又心酸,可是谁又真正见过爱情的样子呢。有人会说它是苦的,让人尝尽人间至痛,有人说它是甜的,美好得难以言喻,也有的人觉得爱情就是平平淡淡才是真……

身边总会遇到一些比较有想法的姑娘,在我还憧憬校园纯真爱情的时候,她们已经开始考虑自己的择偶标准了。"我要嫁给一个有钱人,至少要有房子、车子、存款,富二代最好……""我要找一个帅气的男人,为后代的颜值着想……"

阿欢就是这样一个女孩儿，她很早就在规划自己的未来，她说爱情和面包当然是面包更重要，没有面包饿着肚子还怎么谈情说爱。于是大学一毕业她就嫁给了一个比她大五岁的男人，而她与那个同她结婚的男人仅仅见过五次面。她在第一次见面的时候就把那个男人家的底细摸得一清二楚，有钱，嗯，应该是很有钱，是她想嫁的富二代。这个第一条件满足了，其他的就都是次要的了。

阿欢是窈窕小女子一枚，当然不是淑女，而那个男人个子很矮，小眼睛大鼻头，怎么看怎么像马戏团的小丑。但对于阿欢来说，这些都不是问题。认识一个月他们就闪婚了，闪得太快以致都没来得及通知我们。

有朋友说阿欢终于找到了理想型，应该会幸福吧。可我却不以为然。果然在后来，他们闪离。阿欢向姐妹们哭诉，那个男人一点儿也不关心她：很少回家，从来不陪她逛街，就算是给她花钱也有额度限制，买衣服不能超过多少钱、出去旅行不能超过多少钱……基本都是生活中鸡毛蒜皮的事，但是真的可以感受到，那个男人根本不爱阿欢。姐妹们都懒得安慰她，对她说，你当初就该想到啊，因为你想嫁的是钱，又不是爱情。

其实像阿欢的女孩儿有很多，就像有些明星嫁入豪门却并不幸福，但是有的人为了爱情甘愿等待，直到与爱人牵手走进婚姻殿堂。

　　刘诗诗结婚前是一个性格内向，腼腆羞涩的姑娘，面对媒体的采访回答得简单到不能再简单，尽管记者期盼她能多说一点，"面瘫脸"这个称号也不是白得的，那时候的她衣品也只能说一般般。没想到与吴奇隆结婚后的刘诗诗变得活泼开朗，在接受采访的时候还不时为难一下记者，甚至回答得十分有趣。整个采访中脸上带着幸福的笑容。衣品大爆发，频频出现在街拍中，成为很多女孩儿学习模仿的穿衣典范。这些巨大的变化，让人实在不得不感叹，刘诗诗嫁对了人，爱情的力量让她变得更优秀，更迷人。

　　小龙女陈妍希曾经被各种黑，鸡腿头的造型更是被拿来各种恶搞，她的粗腰也是人们诟病的对象。可是嫁给陈晓的陈妍希减肥成功，变得更加漂亮迷人，浑身散发着女性的美。现在她又成了幸福的准妈妈，一脸温暖明媚的笑容。一开始不被人们看好的两人却幸福得如同在蜜罐一般。网络上开始有人感叹，这才是嫁给爱情的样子。

　　嫁给爱情的女人会像鲜花得到了充足的阳光、养分和水，会越发清新脱俗，散发灵魂的香气。

我参加过一个朋友的婚礼，在我参加的为数不多的婚礼中，我被这场婚礼的新郎和新娘间深深的爱意感染了。他们看向彼此的眼神非常之深情，几乎快要把对方融化。两个人长达七年的爱情长跑终于落下帷幕，开始迈向人生的新篇章。

　　我知道朋友是真的幸福，她确实是嫁给了爱情。工作这么久，她还像在学校时一样，一副天真少女的模样，爱人的呵护和疼爱让她保持初心，像向日葵一样温暖，充满力量。

　　有一句话讲，面包我可以自己挣，你给我爱情就好。如果你还没有找到那个对的另一半，千万不要草率结婚，没有爱情的婚姻是虚假的人生，你永远都没办法活出你自己最精彩的模样。

　　愿所有女孩儿都可以嫁给爱情。

保持少女心是一种超能力

> 看过大山大河,穿越暗夜荆棘,仍然相信童话。

有人说,女人无论多少岁,心里面都住着一个小女孩儿,那便是少女心。

记得看过林心如主演的一部电视剧叫作《姐姐立正向前走》。林心如在里面扮演一位三十岁依然拥有一颗少女心的单身女编剧。她虽然已经三十岁了,却依然充满幻想和天真烂漫,依然期待遇到梦中的白马王子。是这颗少女心让她最终收获了爱情。

现在四十岁的林心如还是保持着一颗少女心。她一如既往地喜欢 Hello Kitty,爱小动物,更热爱生活。她在生活中永远都活力四射,对爱情充满了期待,在四十岁邂逅自己的白马王子,将自己嫁出去。

四十多岁的许晴因为一路都很顺利,一直被保护,所以一直是最初的模样。有人说许晴公主病,我并不这么认为,只是她始终保持着一颗少女心罢了,依然充满着幻想,所以有一座自己内心的城堡。

其实少女心并不是穿着低于自己年龄段的衣服,佩戴或收藏萌萌的小饰品,假装可爱、无辜卖萌。

真正的少女心是一种年轻的心态,不轻易被世界折服的精神。这就像一种超能力,随时可以满血复活,卷土重来。

我高中时候的化学老师是一个五十多岁的小老太太,但是她从没把自己当成五十多岁的人,给我们上课的时候说得最多的就是:咱们年轻人,现在不好好努力啥时候能有成就呢;咱们年轻人,就得不怕吃苦;咱们年轻人啊,就得有干劲……我们都喜欢听她讲课,因为她的活力和永不放弃的那股劲儿,甚至有时候觉得她比我们都年轻。

我去过她的家里,院子里种着不同季节的花,一年四季几乎都会有花开放。院子里四季飘香，进去仿佛置身童话世界，那是她自己的喜好，也是为自己的小孙女准备的，她们在一起撒娇、玩耍、奔跑……像个孩子一样哈哈大笑，日子过得像一首奔放的诗。

美国一个传奇的老人家摩西奶奶七十岁高龄的时候开始画画，她善于捕捉花朵转瞬即逝的美丽，画的花栩栩如生，是最美的色彩和最自然的形态。通过她的画就能感受得到她满满的少女心。用明媚色彩勾勒出娇艳的花朵，每一幅画都散发着她心底的爱和阳光明媚。热爱生活的人，才有让生活变得更美好的超能力。

看到过一张照片，照片上一大把年纪的英国女王伊丽莎白，看到丈夫扮侍卫还会忍不住偷偷地笑，在那颗怦怦跳动的少女心里包含的是她对生活永远的深情。

少女心不是少女的专属，而是深知年华易逝，更要永存柔软之心，年龄只是增添了岁月给我们的抚慰。看过大山大河，穿越暗夜荆棘，仍然相信童话，一直怀揣纯真，去解开这世间的柔情。就算八十岁，那颗十八岁的少女心，仍能跳出最美妙的音律。

做个刚刚好的女人

每当看到有的人为了挤公交占到座位,倚老卖老,有的人老态龙钟地哼哼哈哈:哎,老了,老了……以博得别人的同情,我只能感叹这些人真的老了。

希望岁月流逝你我沉淀下来的是智慧,而不是覆盖心灵的灰尘。希望所有善良的女人都拥有少女心这种超能力。

恩爱是感觉,安静不炫耀

> 在你需要我的时候我就守在你身边,哪怕远远地看着你也是一种幸福。

现在朋友圈里,除了各种广告,就是各种秀恩爱的照片。自媒体时代如果跟男朋友或女朋友一起吃饭、出去玩没发几张照片到朋友圈,好像就有点儿不对劲儿。告诉别人自己情话有主,或有人爱。

我的朋友圈朋友大奔,这是他的绰号,因为他在攒钱买奔驰,就给自己起了这个名字,说是要时时刻刻激励自己为了奔驰奋斗。我倒是很欣赏他这种执着的精神。可是最近这家伙开始谈恋爱了,于是乎我的朋友圈就灾难了。

我每次打开朋友圈就是大奔跟他女朋友的照片,说实话，那女朋友长得还算漂亮，她的自拍照我倒是还可以看，可是大奔那一张圆圆的大饼脸就太煞风景了，我总有一种在看"美女与野兽"大片的感觉。真想直接设置权限，再也不受他的祸害，可是没办法就这么决绝，只能采取沟通的方式了。我打电话给大奔，没想到我还没开口说话，他就先说开了："怎么样，看到了没，哥们儿也有女朋友了，漂亮不？谁说只有帅哥才能配美女，我这不也照样追到了我的女神吗！哈哈哈哈……"

电话里这毫不掩饰的大笑震得我耳朵都疼了，我把电话拿远了一下。等笑声一停下来，我赶忙插嘴："您老一天发八十遍朋友圈，想看不见都难，我的朋友圈里都是你那张大饼脸，我的眼睛都快受不了了，我要求赔偿精神损失费。你这秀恩爱也太过了吧，一天发一回还不行，你这倒好恨不得每分钟发一回啊……"听着我的抱怨，大奔突然沉默了，"因为我很爱她，但我不知道她到底有多爱我，这样做不只是让大家见证我的爱，也是让她知道我有多爱她……我确实没有自信……"电话里传来几近哽咽的声音。一米八的大汉竟然哭出来，我都吓得不知如何是好了。

我想估计大奔知道那个女孩儿并没有那么爱他，所以他慌了，想找个方式留下爱的证据。事实证明我的猜测没有错，半年后，他们分手了，那个女孩儿与另一个男孩儿在一起了，而那个男孩儿也是大奔的朋友。

炫耀的爱情并不一定长久，恩爱是一种感觉，即使你表达得再具体，它也难以让别人感同身受。长久的爱情应该像潺潺溪水涓流不息，在你需要我的时候我就守在你身边，哪怕远远地看着你也是一种幸福。

不要做备胎，
你配得起更好的人

> 亲爱的姑娘，一定要有这样的勇气，就算今生再也遇不到真爱，我也不会做你的备胎。

几乎每一辆汽车都有一个备胎，以防路上爆胎，也好及时更换。如果正胎一直都不爆，那备胎就只好一直那么备着。如果正胎爆了，那么只好借用一下备胎，用过之后备胎还是挂在汽车尾部，依旧做它的备胎。

汽车在行驶过程中备胎是不能着地的，所以最不脚踏实地的爱情就是做备胎。

嘻嘻是我的大学室友，正如她的名字一样，她是个爱笑的女孩。可是大学那会儿她却傻傻地给别人当备胎。

大二的时候，嘻嘻暗恋我们邻班的一个男生，那个男生是那种韩国"欧巴"类型的，而且看上去是阳光帅气的男孩子,还是我们学院的学生会副主席,很多女生在他面前都会不由自主变身迷妹。记得第一次嘻嘻见到他就两眼直冒星星。但是嘻嘻胆子小,也不自信,她不敢表白,害怕会遭到拒绝。

我们宿舍几个姐妹知道后,帮她搞到了"副主席"的电话号码和 QQ 号。我鼓励嘻嘻以学院活动为借口加了"副主席"的 QQ。

两个月过去了,看到嘻嘻每次和"副主席"聊天的时候都很开心,我禁不住问道:"表白了?他答应了?"嘻嘻只是傻呵呵地笑,"没呢,我觉得不着急。""聊了两个月了,你还不着急?""其实,我也想着就这几天和他说呢,只是担心,如果被拒绝了,还能不能这么开心地聊天。"看着嘻嘻那单纯的大眼睛,我也于心不忍,可是这么模棱两可的关系,对嘻嘻而言很不公平。

后来,在我们的鼓励下,嘻嘻终于鼓足勇气向"副主席"表白了,可是"副主席"的回答是,自己高中的时候交了一个女朋友,但是上大学后,两个人异地恋,基本快分手了,只是目前还没有说清楚,所以不能太快给嘻嘻肯定的答案。听完后我们都很崩溃,想奉劝嘻嘻还是不要继续招惹这样的人,没想到嘻嘻竟然从这几句回答中找到了肯定的意思,非得说"副主席"的意思是等他分手了就会和她在一起。无论我们怎么说,嘻嘻都认定了"副主席"喜欢自己。

我们都觉得事情不是嘻嘻想得那么简单,可是又没有办法劝嘻嘻放手,她是个固执的人,也许只有受了伤才会回头。

后来,每次"副主席"跟他女朋友吵架后都会找嘻嘻喝酒,为了陪他喝酒,嘻嘻竟然让我们陪她练酒量!学生会有什么活动,他也会找嘻嘻去帮忙,有时候上公共课,他还会让嘻嘻帮他占座位,别人看来,他俩明明就是情侣。

有一次我问嘻嘻,"副主席"跟他女朋友是否分手,嘻嘻只是笑笑,说,自己不关心,现在他们只是"蓝颜知己"。

"可是,你不怕他只是把你当备胎吗?"我没忍住说出了自己的担忧。

"那又有什么关系,我还是喜欢他,喜欢和他聊天的感觉,即使做备胎,我也愿意……"嘻嘻淡淡地说。

就这样嘻嘻这个备胎当了将近两年,一次次看到自己喜欢的男生跟其他女孩儿打电话时甜蜜地分享学校里的事情,每次因为与女朋友吵架,嘻嘻还要陪"副主席"喝酒谈心。对于"副主席"的招之即来、挥之即去也都心甘情愿。

大四那年,"副主席"去了他女朋友所在的城市实习,那时嘻嘻才终于彻底明白,即使自己再喜欢"副主席",也不可能从备胎的角色转变为"正胎",这样不踏实的爱情是没有结果的。最后嘻嘻选择了放弃。那个痛哭流涕的夜晚我们陪她度过,我们相信她会遇到不把她当作备胎的那个人。

所谓琴瑟和鸣,就是一个有情,一个有意,两个人踏踏实实地互相爱慕着,而不是不需要之时被束之高阁,需要的时候随手拿来就用。但是嘻嘻并不后悔两年来所做的一切,因为那让她学会了如何去爱,如何分享爱。就在放弃"副主席"的那一年,嘻嘻找到了那个把自己当成宝的另一半。

放弃不属于自己的幸福才会发现身边的美好。

每个自尊自爱的女人都配得上更好的人。
我们的宗旨是:不做备胎。

总有一天,
我们会告别那个迷茫的自己,
变成一个充满智慧而通透的人。

真不是因为穷，
他只是不够爱你

一个爱你的男人，即使给不了你荣华富贵，也会一辈子把你当成宝贝。

有的人舍不得给妻子花钱，美其名曰节俭，其实只是根本不爱你才会只对你节俭；而有的人哪怕只有一分钱也会先拿出来给爱人花，因为爱是不能用金钱来衡量的。

前不久见到一个前同事小超，80后的轻熟美女一枚，她说自己本来就要结婚了，可是却发生了变故。"劈腿？小三？还是他前女友来挑衅？要不就是你前男友来找你了？"她瞪着大眼睛狠狠地回复了我八卦的小眼神。"不是，是聘礼的问题。除了婚礼必需的东西，我妈还要二十万彩礼……"我想，小超是家里最小的孩子,父母年纪那么大了,要彩礼也在情理之中。"可是,他们家的经济状况不太好,婚礼加上彩礼就得不少钱呢,现在根本拿不出那么多钱……"看着她一脸愁容,我终于没忍住问出了担忧的问题:"难道就因为彩礼的事,你们分手了?""我也担心会是这样的结果,可是他听到我妈说要二十万彩礼的时候先是愣了一会儿,然后对我说等他一周时间,一周后会来找我,就走了。到现在他也没有联系我,只剩一天时间了……"她说着说着声音都颤抖了。我知道她很担心未婚夫就这样消失了。我安慰她,如果男友真的爱她一定会回来找她的;如果不爱,就没必要留恋一个因为拿不出彩礼而逃跑的男人了。

第二天晚上十点多,正当我准备休息的时候,小超的电话打了进来,我以为她是因为没等来男朋友而找我哭诉,寻求安慰呢。但出乎所料,电话里她的声音非常愉悦:"他来找我了,拉着我直接把二十万彩礼交到了我妈手里。我真没想到他这么快就筹到了钱,很担心地问他到底是怎么回事,他说这些钱有自己攒的十万,剩下的是找亲戚朋友凑的,还有向公司提前预支了一些。我永远都不会忘记他那句话:'遇到你是我这辈子最大的幸运,我绝对不会让你受委屈,即使倾我所有。'"小超的声音里全是幸福，我感动得眼睛都湿润了。

为了你，我愿意倾其所有。这是多么高尚的爱情啊！我可以用我所有的钱，哪怕我再穷也要给你一个你想要的婚礼；我可以给你我仅剩的面包，哪怕我饿着也要让你吃饱；我所做的一切只是因为我爱你，别无其他。

我见过这样一对夫妻，男人比女人大六岁，结婚的时候女人三十二岁。他们是相亲认识的，女人岁数不小了，家里给的压力也很大，而刚遇到男人的时候感觉男人很体贴，虽然没怎么带女人去饭店吃过饭，但是他会给女人做家常菜，女人觉得这样的男人才是可以一起过日子的人，她以为自己终于找到了归宿。

很快家长见面，商定婚事，在简单的婚礼过后，女人踏上了她憧憬的新婚生活。女人怀孕后，男方提议让女人在家养胎，于是女人辞去了工作，在家专心养胎，直到孩子出生后又被丈夫以在家照顾孩子为由留在家继续做家庭主妇。

有一次女人的闺密来到了她所在的城市，想与她一起吃饭叙旧。她想跟老公要点儿钱，自从自己不工作后，钱都是老公管，每月的生活费也都是老公按时给，基本不会有多余的。女人想朋友来到自己的地盘总该由自己做东，没想到，男人一听就急了：吃什么饭啊，你还得在家看孩子，不许去！女人被这突如其来的吼声吓住了，她从来没想到丈夫的态度会是这样的，只能以带孩子为由推脱了聚会，但内心感到无比委屈。后来女人发现，只要是涉及钱的事情，丈夫从来不会满足她，好朋友结婚她要随份子丈夫不同意，她想跟朋友逛街丈夫也拦着，久而久之她渐渐失去了很多朋友。

其实男人家并不是没有钱，月薪将近两万，他舍得花几百块请他的朋友吃饭，舍得给父母、孩子花几千块，就是舍不得给老婆花一点儿钱。傻傻的女人终于明白，那个男人根本不是节俭，只是不爱她，在男人眼里任何事情都比女人值钱。

都说看钱的女人太物质，但是有的时候钱真的能看出来一个人对你的感情。那些嘴里骂着嫁给了物质更好的男人的女人是拜金女而又不努力的男人们，只是在为自己的失败找借口。

一个真正爱你的男人，不管有没有钱，都会让人感到温暖贴心。他或许一辈子也给不了你荣华富贵，但是，却会一辈子把你当成宝贝。

我父母的爱情一直是我无比向往的爱情，听外婆说，当初老爸娶老妈的时候真的把所有的积蓄都拿出来了。他给了老妈一个他能办到的最好的婚礼，可是婚礼过后，为了继续度日，相当长的一段时间他俩都不敢去集市，但老爸只要有一点儿钱准会偷偷给老妈买了好吃的。虽然贫穷，但是老妈依然幸福。

女人是感性的动物，如果男人有一分钱就愿意给女人花一分钱，那绝对会使女人感动到落泪，而如果一个男人有几十万却只愿意给女人花几百块钱，女人还是会选择离开。

一个真正爱你的人，不管他是贫穷还是富有，他都会把你捧在手心里，用心去爱，他会觉得你配得上世间所有美好的东西，愿意为你倾其所有。而那些舍不得为你花钱的男人，说到底就是不够爱，或者根本就是不爱。

愿你的成长不是来自伤害

> 如果每一次成长都源于一次伤害，那要成为自己想要的人，代价就太大了。

每个人在成长的道路上都会有不同的经历，鲜花或掌声，苦难或伤害。有的人说一路鲜花和掌声会让人变得脆弱，面对暴风雨时不堪一击。有的人说伤害是对人意志的磨炼，有伤害才会使人变得更坚强。可是，如果每一次成长都来自伤害，那成长的代价似乎太大了。

小念是一个活泼开朗的女孩子，至少她表现的是这样。在她很小的时候，父亲就去世了，一直是母亲一个人拉扯她长大。在单亲家庭长大还能这样乐观很令人佩服。她说印象里的父亲很酷，就是话很少，这大概就是她大学时喜欢上那个计算机系的男生的缘故吧。

那个男生很安静，看起来很酷。正是乐观又没心没肺的小念所喜欢的类型。经过她的疯狂追求，男生妥协了，两人开始正式交往，看到小念找到归宿，我们都为她高兴。

宴请女友闺密必不可少，小念和男朋友请客我们都没打算客气，确实也是这样做的，我们每个人都点了自己爱吃的菜。那个男生倒是也没有露出不高兴的样子。我还想这人还可以，挺大气嘛。没想到结账的时候竟然是小念结的账，把我们惊得目瞪口呆。送走那个男生，我们都发出了质疑："怎么回事，这种事情不是应该男生花钱吗！怎么成了你请客？"面对我们的质疑，小念替她男朋友开脱："他最近手头有点儿紧，我当然得帮他了。没事，这是特殊情况嘛，等以后毕业挣了钱再让他补请你们一次。"小念觉得自己理所当然要替男朋友出钱。

大学毕业前几个月的一天，我看到那个计算机男跟一个女生手牵手从学校外面回来，还以为是自己眼睛花了，仔细确认后发现那是事实。我立刻找到小念，第一句话就是："你们分手了？"小念被我问得莫名其妙，困惑地看着我，"没有啊，干吗诅咒我。我们俩打算毕业后都去北京,找到合适的工作,为了我们的未来奋斗,然后买房子、结婚……"小念还在憧憬着自己的未来。可是我实在不能看着她被蒙骗。"我刚才看到他跟另外一个女生手牵手,看样子并不是刚认识的。"说完这话,我等着小念发作,没想到,她却说不可能。后来事实证明,那个男生确实另觅新欢了,而且已经在一起三个月了。

分手使小念痛苦不堪,至少一个月吧,没有看到她的笑脸。后来她亲眼看到前男友经常请那女孩去很贵的地方吃饭,还送她礼物,而他俩在一起的时候,每次吃饭都是小念买单,每次过节也都是小念送礼物给他,而自己从没收到过他的礼物。

我们都安慰她,"跟那样一个渣男分手是一件好事,你是要找男朋友,干吗要给他当'男朋友'。总会遇到更好的,更珍惜你的人。""对,谁都难免会遇到几个渣男,在成长的路上受到点儿伤害算不了什么,我会振作起来的。"小念努力挤出个笑脸。

大学毕业后,小念没有去北京,估计怕再次遇到那个渣男。可是她还是没能逃脱命运的捉弄,又遇到了一个拿别人的感情当儿戏的渣男。那个男人抛弃了小念,她的生活又回到了起点。

对于小念的不幸，作为姐妹的我们都很同情，在经历了童年的苦难后，长大了还要受到感情的创伤。后来，小念不再轻易开始一段感情，她开始精心经营自己，因为她知道自己必须逼迫自己强大才能不再受到伤害。她从伤害中成长了起来，后来她真的变得很厉害，工作中很受老板的赏识，她还把自己的生活规划得井井有条。她说，经过多年的摸爬滚打，遍体鳞伤，最终还是挺过来了。中间经历了多少个日日夜夜的自我鼓励，自我反省，自我觉悟才得以闯开迷雾见到阳光。若是一个意志不够坚定的人呢，也许还在原地转圈或已经离开人世，毕竟我们见过很多因为难以走出失恋的阴影而自杀的男男女女。

杨澜说，每个人都在成长，这种成长是一个不断发展的动态过程。成长是无止境的，生活中很多是难以把握的，甚至爱情，你可能会变，那个人也可能会变，但是成长是可以把握的。

我们不必像小公主一样过分受到呵护，不用像先锋一样冲在最前面，披荆斩棘。只是安安静静地成长就好，遇见别人的故事，要好好思考，让它成为一个让自己成长的过程。

真正的快速成长，绝不是来自伤害。你要会学习、反思、觉悟，这样才能减少重复犯错，快速成长。

希望有一天，我们都可以智慧满满、信心十足地面对生活，但不是因为我们承受了别人不能承受之痛，而是我们在平凡的生活里，懂得了生活的意义，用自己的努力，练就了洞察世事的能力和卓绝的悟性。

我们看的是别人的故事，却悟出了自己的道理。随着岁月流逝，我们终于可以告别那个迷茫的自己，变成一个充满智慧而通透的人。

尽可能单纯地爱一个人

> 一份单纯的爱情会让我们的生活变得质朴和平凡，会让我们的心从容坦荡。

人这一辈子，总得学会单纯地爱一个人。

十几岁的花样年华，荷尔蒙分泌过剩的青春期，遇到一个人，或许是某一瞬间，被吸引住，然后就喜欢了，爱上了。你不会去想她或他有几个兄弟姐妹，在哪里有房子，是不是有钱，也不会想你们两个是否合适。那个时候，喜欢就是爱上，只是因为怦然心动了就觉得应该一辈子天天在一起。你为了她／他会拼命学习，为了她／他会逃课，为了她／他去做任何疯狂的事情，在一起的时候开心就笑不开心就哭，你觉得两个人在一起就是全世界。

王菲唱过：只是因为在人群中多看了你一眼，再也没能忘掉你容颜。单纯地爱上一个人大概就是这样浪漫的一见钟情吧。

我想起司马相如和卓文君的故事，卓文君只因为司马相如在卓家大堂上弹唱了首《凤求凰》而怦然心动，并且在与司马相如会面之后一见倾心，双双约定私奔。然后两人谱写了"愿得一心人，白首不相离"的感人爱情。

不图家室显赫，只因你为我弹唱的一曲，如此简单，如此单纯而已。

宋庆龄不顾家庭的反对，嫁给了大她二十七岁的孙中山，她说："我的快乐，我唯一的快乐是与孙先生在一起。"他们因为志同道合走在了一起，不问前途如何，只是单纯相爱。

然而现在的我们，尤其是年纪越大的时候，就会越怀念那段纯真的爱情，慢慢地很多人发现，再也遇不到那样单纯的爱情了。

前段时间，一个1995年的姑娘问我，她对她的男朋友并没有初恋时的那种纯真的炙热的喜欢，这样的感情适合结婚吗？我被问住了，当时觉得这是个很难回答的问题，适不适合结婚真的要考虑很多方面。后来仔细琢磨，又发现这是个很好回答的问题。

当我们不是以是否爱一个人来思考要不要在一起而是以是否适合结婚来思考要不要在一起的时候，事情就变复杂了。就像你相亲的目的就是为了结婚和自由恋爱后自然而然地结婚是不同的一样。

现在的剩女越来越多，与她们找另一半的要求越来越高脱不了关系：人要长得帅，要有房有车，工作要好，最好是独生子，父母年纪不能太大，否则以后没有能力帮忙带孩子……她们只是想找个适合的人结婚，并不是找个可以相爱的人。

一次去青岛游玩，火车上遇到一对老人，老奶奶一头银发，老爷爷满头雪白。一路上老爷爷一会儿给老奶奶讲笑话，一会儿陪老奶奶玩游戏，老奶奶困了就靠在老爷爷的肩膀上睡会儿。我觉得这个画面太温馨了，莫名其妙地感动。我和两位老人简直太有缘分了，我们订的竟然是同一家酒店，还是对门。我帮两位老人拎行李，两位老人看我孤身一人，叫我第二天一同去海边。

我喜欢大海，更喜欢听海的声音，它能让我内心宁静。于是我留在岸上看海、听海，两位老人就像孩子似的跑到海边用脚丫踩着浪花，互相嬉笑玩耍。余晖洒在大海上，我看见一个长裙飘飘的老奶奶被一位英俊健硕的老爷爷拥在怀里，站成了一道风景。我实在忍不住心中的悸动，按下了快门。

那次旅途，我感受到一份纯真的爱情是可以超越年龄的。

我觉得，人在不同阶段应该给自己的爱情下不同的定义。十六七岁，遇到一个怦然心动的人，那就单纯地爱着就好；二十六七岁，遇到一个某一方面让你觉得值得嫁的人，你觉得会幸福就好；三十六七岁，遇到一个可以相互扶持的人，那就踏踏实实在一起就好；等到韶华已逝，两鬓斑白，遇到一个陪你一起看夕阳日暮的人，那就一直牵着手就好。爱情没有规规矩矩的定义，不要在二十六七岁的时候再去渴望十六七岁的爱情，爱情的燃点已变，你也很难再如当初那般去爱一个人。当然我们渴望与从十六七岁开始遇到的那个一直深深爱着的人白头到老，但如果不能遇到一个那样的人，请在每一个年龄段都以你的方式尽可能单纯地爱着你的爱人。

单纯地爱一个人,不以金钱为基础,只是因为内心互相爱慕,两个人同甘苦,共患难;纯真的爱情经得起任何风雨和考验,双方会相互鼓励,相互包容。单纯地爱一个人,只是因为彼此投缘,两个人配合默契,彼此之间可以坦诚相待,没有钩心斗角、哗众取宠。

在这越来越浮躁的社会,还是要学会单纯地爱一个人,不要为了金钱、利益、仕途而出卖自己的内心。

我现在想对那个1995年的姑娘说,不要再追求十几岁的炙热爱恋,也不要把爱情和婚姻想得太复杂,爱的时候就单纯地认真地去爱,只要你觉得开心幸福就好,结婚只是爱情的衍生品而已。

确有其实的爱,其实不必作

真爱不必作,时间才是爱情最好的证明。

都说恋爱中的男女智商降为零,两个人在一起的时候跟与别人在一起的时候表现完全不一样。我还真的遇到过这样一对小情侣,他们恋爱中女生的种种表现,让我不得不承认可能是爱得太深才会作得太多吧。

刚来北京的时候,我跟一个姓朱的男生和一个姓张的女生合租,在我住进去之前,他们两个已经住在公寓里了。那时候他俩还不是情侣,小张是个懂事的女孩子,她对我们都像对亲人一样,很温柔,很体贴。

一年以后他俩成了情侣,我搬出了公寓。我觉得他俩很般配,一个温柔贤惠,一个英俊潇洒。可是好景不长,不到一年，小朱就有点儿受不了了。他打电话跟我说，小张实在是太能折磨人了，他很怕再这样下去会承受不了提出分手。

"昨天我们约好晚上下班后一起吃晚餐，本来想到地铁口集合的，可是我临时被领导叫去开一个重要会议，根本没时间打电话给她，就偷偷发了条微信，告诉她先回家，改天赔罪，可是她一直没回我。开完会我赶回来发现她没有回家，打电话给她，电话也没人接。我立刻打车去了约定吃饭的餐厅，发现她自己坐在那里哭。看到那样子我很心疼，上去道歉，她泪眼婆娑地看着我质问，'你道什么歉啊，你又没错，别管我！'甩开我的手继续哭，餐厅的人都向我们投来异样的目光，我想带她离开，可是怎么道歉她也不理会，只是毫无顾忌地哭起来没完。后来又离家出走了……"小朱无奈地说。

"还有一次在家，我有一个需要修改的文件，没时间陪她说话，她看我不理她，凑过来说，'我在跟男生聊天哦，想不想知道是哪个帅哥？'我敷衍了一下，说让她先自己玩会儿，没想到她立刻跟我急了，'你怎么一点儿也不在乎我，你难道不吃醋吗，你到底爱不爱我！'然后又对我大发雷霆……唉，这样的事情太多了，我记得她以前很懂事啊，不知道怎么会变成这样，再这样下去我真的会崩溃的……"电话里传来小朱无奈的叹息声。

相比于男人，女人总是更敏感，因为太爱，怕不被在乎，才会不由自主地作吧。

我真的见过比小张作得多的女孩，她是我的第二任室友。她叫小格，娇生惯养的小公主一枚，我直接就叫她格格了。

她和男朋友是大学同学，感情一直很好，但是有一段时间，男朋友被公司派到深圳出差半年，要到春节才能回到北京。仅仅是这半年的异地恋，格格几乎每周都会找点理由跟男朋友吵架，差点分手。

在格格生日那天，一大早，就收到了包装精美的鲜花和蛋糕。我羡慕得不得了，"格格，你男朋友对你可真好，大老远的还知道给你送花。"本以为格格会很开心，可我在格格的脸上并没有看到笑容，她的脸上飘来了乌云。

不一会儿，她男朋友打来电话，虽然没听清楚到底在说什么，但是听得出语气很温柔，声音里都是宠溺。可格格却大声吼起来："我才不稀罕你的玫瑰花呢，一点儿也不好看！还有蛋糕一点儿也不好吃！你干脆别理我啊！不用你给我打电话，我一点儿也不想跟你说话！"说完就挂断了电话。

我愣住了，赶忙问发生了什么事情："怎么了，亲爱的，什么事情惹咱们寿星不高兴了？"

格格抽泣着说："他原来说我过生日的时候回来陪我的，我明明挺想让他回来的，可那时候不知怎么了，我偏偏说不用了，但我还是希望他会偷偷回来给我个惊喜，可是他根本不关心我，他才想不到给我什么惊喜呢！"

我更是一脸的错愕："可是，你说不让他来看你的啊，他又没有读心术，怎么能知道你的真实想法，他不来你又怪他没有回来，还这么不开心，这个不是很奇怪吗……"

格格这样类似的事情不胜枚举。她说她也没有办法控制自己，总是希望男朋友说自己想象中希望他说的话，做自己想象中让他做的事，或者跟男朋友对着干，总是想挑起点儿事端，总是质问男朋友到底爱不爱自己，似乎只有这样才能让她有被在乎的感觉。不能天天见面的半年时间里，格格变得异常作，男朋友提出分手，她才吓得收敛了一些。

我想人们常说不要和太爱的人结婚，也许是因为太爱所以才会对对方的要求变得苛刻，甚至变得敏感而多疑，难以克制自己的作。那样的话两个人在一起就会太累了。

其实，真的相爱并不需要通过手段证明，因为爱情就在那里，不会因为你的作而增加，反而可能会因为你的作而减少，当那个人不能承受你的时候，分开就成了结局。所以真爱不必作，平平静静地在一起，甜甜蜜蜜地享受着爱就够了。

我曾以为付出所有才是爱你

真正的爱情，不是付出全部，而是让自己成为更好的人。

我们都有过为了爱情做傻事的时光，因为他的一句话而减掉自己美丽的长发；因为他不吃辣而强迫自己戒掉最爱的辣椒；只因他说喜欢会弹吉他的女孩而报学习班拼命练习……那个眼里只有爱的人，为了爱而付出所有，却忘了为了爱也该让自己变得美好。

我有一个双鱼座的女生朋友小雨，她真的是极典型的双鱼女：性格上柔情似水，天生浪漫且富有幻想，对待爱情更是奋不顾身。

记得高三那年，班上所有同学为了高考忙得焦头烂额，天天题海战术，还要应对各种模拟考试，精神高度紧张。就是在那段特殊的日子里，小雨偷偷喜欢上了我们公认的男神，那个学习好颜值又高的学霸级人物。不知道平时胆小如鼠的她哪来的勇气，竟然在高考倒计时开始的那天正式表白了。

男神是个理智的人，他不想因为这件事情影响到高考这么重要的改变人生的机会。于是跟小雨商定一起好好复习，等高考结束后再认真谈论这件事情。其实小雨知道男神对自己的冷漠，但是她觉得自己对男神好点儿就会感动他，她幻想着高考结束后会和男神双宿双飞，到同一所大学开始令人向往的大学生活。

小雨完全变了一个人似的，她每天很早到教室，把牛奶和面包放到男神的桌子上，然后开始非常认真地学习，每天都最后一个离开教室。因为她知道，以自己的能力想要跟男神考同一所大学就要付出十倍的努力。

剩下的一百多天里，小雨没有一天敢懈怠的。高考结束后，成绩出人意料，小雨成绩很不错，可是男神却因为发挥失常，成绩很不理想。男神决定复读一年，一定要考上自己梦寐以求的大学。

深深爱着男神的小雨为了帮男神实现梦想，在复习的日子里完全忘了自己。她根本没有按时去大学报到，而是瞒着父母，偷偷到男神租的出租屋里，每天按时给他做饭、照顾他的起居。她把父母给自己的学费和生活费都花在了男神身上，一直陪他参加完第二次高考。

成绩揭晓，男神考上了梦寐以求的大学，他很感激小雨这一年以来对自己的照顾。也许是出于内疚或者是感激，男神跟小雨在一起了。

男神上了大学，遇到了更多新鲜的人和事，眼界比以前开阔了很多，却与留在家乡的小雨的共同语言越来越少。有时电话里都是男神在讲学校的趣闻，小雨却一句话都插不上。两个人原本薄弱的感情基础随着时间的推移烟消云散，男神提出分手，另觅新欢，小雨悲伤欲绝，久久不能从失恋的阴影中走出来。

小雨太爱男神了，为了他付出了所有，包括自己上大学的机会和自己最美好的时光，以及父母的责怪和压力，却仅仅换来了不到半年的异地恋。为了他，她什么都可以放弃，也放弃了自己。

你以为爱他就要为他付出所有，可是当一个变成王子，一个还是灰姑娘的时候，结局只能是无情的分道扬镳。

爱情里，总会有一个人付出得更多一些，可是即使付出再多，爱情还是应该让你变成更好的样子，而不是付出所有后的一无所有。

后来同学聚会，我见到了小雨，她跟当年那个胆小的女孩已经完全不同了。大家都工作快两年了，小雨还在读大学的最后一年。

小雨跟我说，跟男神分手后，她花了三个不眠之夜反思自己，后来终于想明白："我原来以为的爱情，就是可以为了所爱之人放弃所有，哪怕飞蛾扑火都在所不惜。可以把他捧在掌心，让他变成最好的人，变成所有人都羡慕的那一个。可是我错了，我放弃了自己让他变得美好，自己却配不上他的美好了，一个在天上飞和一个在地上跑的人，根本无法成为爱人。爱情并不是要付出所有，而是要先学会爱自己，让自己和他一起变得美好，这才是爱他。"

现在的小雨懂得了爱人先要自爱，她不仅有了一个比男神还帅气的男朋友，还被学校保研。看到这样的小雨，我几乎都快忘却了当初那个跟在男神屁股后面的小丫头。

做个刚刚好的女人

若爱一个人没有回应,与其乞讨爱情,不如骄傲地走开。爱情是能接受一切失望,一切失败,能接受你变成的任何样子,最终、最深的欲望只是简单的相伴,找个让你开心一辈子的人,才是爱情的目标。

$\mathcal{P}art\ 2$

用专业赢得尊重

不逞强,不妥协

职场没有男女之分，用专业赢得尊重

现在的职场中没有男女之分，女人也要专业才能在弱肉强食的职场站稳脚跟。

刚开始找工作那会儿，曾遭到母亲的唠叨："闺女，考个教师证回家当老师吧，当老师多好，工作稳定，多适合女生啊，离我和你爸还近。""要是不行，考个公务员也行，朝九晚五，以后结了婚也有时间照顾家里。""听说考银行也不错，你刘阿姨家的闺女就在银行呢，福利特别好。"……我就这样被唠叨了半个月，到现在她还偶尔见缝插针地继续唠叨两句。

在长辈的眼里，女孩子就该找个稳定的工作，收入不用太高，等着结婚生子过日子就行。可是现在跟以前大不相同了，职场不仅仅是男人的天下，女人也可以凭借自己的实力在职场上拼出一片属于自己的天地。

一次偶然的机会，我认识了一个女孩儿，她是一个搞建筑的设计师。当初她选择这条职业道路时受到亲朋好友的阻挠。但是她不甘心去做什么老师、公务员啊那些所谓"适合女孩子做的工作"，还是坚持了自己的想法。

初入这一行时，发现这还真是男人的战场。其实招聘她的人事只是让她来做文员的，谁知，她却没有甘心只做一个文员，凭着自己的兴趣和便利条件认真钻研起来。为了真正进入这一行业，她还报了学习班。

机会总是留给有准备的人的。在一次项目讨论会上，一个问题困扰着在场的同事，所有人给出的方案都不太满意，她便提出了自己的想法，没想到很符合客户的需求。从那以后，大家都对这个不起眼的女孩儿刮目相看。项目经理也开始让她参与项目，经过在职场两年的摸爬滚打，她终于有所成就，不仅有了自己的团队，还能带领她的团队独立拿下大项目。

她说，那两年，有时都忘记了自己是个女人，要找客户谈判，就难免有饭局，她现在的酒量绝对不输给男人；为了完成一个满意的方案，要修改无数个日日夜夜，彻夜不眠是常有的事；方案确定了，施工的时候还要亲自去施工现场监督，生怕哪个环节出错会毁了整栋建筑。

"看，这个疤就是去年在工地的时候，被掉下来的钢筋戳破的……"她把胳膊伸过来，我看到一条长长的疤痕。

真的是很佩服眼前这个"拼命三娘"，她努力着证明自己的能力，她的专业技能在公司绝对不输给任何一个男设计师，她没有因为自己是个女人而骄纵自己，没有因为是个女人就少做事情。

互联网公司一般也是男生比女生多，可梅子却偏偏在这个行业闯出了一片天地。

在家人的建议下，梅子大学时学的是管理类专业，但那并不是她的兴趣所在。大学毕业后，父母说女孩子做行政和人事比较轻松，干了一段时间，那些工作都让她觉得太无聊，没有挑战性。最后索性不再听父母的意见，做了自己一直都想尝试的互联网行业。

梅子先学习基础知识，并坚持每天用电脑实践，找从事相关行业的朋友讨论问题，时间长了甚至还能为朋友提供些建议。

后来她去了互联网公司，得到了一份不错的工作。她在男人的天下厮杀，展现出自己的与众不同。一年后，她开始带自己的团队，独立负责公司的一些项目。

她的团队里,她是唯一的女生,却是所有人的老大。

不禁想起吴仪女士曾在国际谈判桌上以其机智、干练和强硬的谈判方式,赢得了"中国铁娘子"的美誉,她是个绝对不输给男人的女人。人们曾以敬佩的口吻说:"她几乎是从男人堆中干出来的。"

还有很多跟她们一样的女人在拼命努力着,拼命追求着自己的事业,努力在职场中占有一席之地。女人不要相信适合女人的工作只有公务员、事业单位、老师、行政人事、银行柜台……也不要相信女人不用赚太多钱的鬼话。当今社会中,男女平等,尤其在职场上,没有男女之分,只有专业的人才才会赢得所有人的尊重。

所有为梦想的坚持都有意义

> 忍耐和坚持虽是痛苦的事情,但却能渐渐地为你带来收获。

没有梦想的人生是肤浅的,仅有梦想的人生也是肤浅的。只有为了梦想坚持不懈地努力,才会让人生充满色彩和意义。

大学毕业后肖迪果断去了巴黎,她要去学习时装设计。好朋友这么多年,我从来没有听她提起过自己有这

> 人生会越坚持越长久, ▶
> 越努力越幸运。

样的想法，我怀疑她是三分钟热度，估计转一圈就回来了。可是，已经过去一年，她也没回来。

后来我有机会去巴黎，顺便去看了看肖迪。见到她的那一瞬间，几乎没有认出眼前这个又黑又瘦的小女生。她一见到我就扑到我怀里抽泣，我只好拍着她的背，真不知道她受了多少委屈。好不容易肖迪情绪平静下来，她特地跟咖啡店老板请了假，要专门陪我好好吃顿晚饭。

我知道肖迪家的经济状况，她能来巴黎肯定非常吃力，想必很多花销都要靠自己打工来挣。我想象着她可能的遭遇，可是与肖迪吃饭期间我才真正了解到这一年她是怎么过的。

肖迪在巴黎的一年，每天都是四五点钟起床学习，上午上课，下午和晚上分别打一份工，十点回住处，临睡之前回顾一天的课程，完成老师布置的任务，睡觉的时候基本都到十二点……为了既不耽误上课又可以充分利用空闲时间，她换过好几份工作，好不容易才找到这两份时间和工资都比较合理的工作。看到她这么辛苦这么拼命，我一心软竟然劝她回国，如果回国的话，再怎么不济还有家人和我们这些亲如姐妹的好朋友。

肖迪给了我个大白眼："要是现在回国，我的努力就白费了。"她吃了很大一口肉，继续说，"以前从没有想过自己的梦想是什么，还记得那天咱们一块儿看《穿普拉达的女王》吗，看着那些光鲜亮丽的衣服，我第一次发现自己想做什么。从那时我便开始准备各种资料，提前学习相关知识，并申请学校。很庆幸在毕业前几天拿到了 Offer。来到这里的机会真的很难得，我不能再给家人太大的压力，只有拼命努力才有能力让自己继续留在这里。这是我长这么大第一次有了梦想，也是第一次这么拼命地坚持着。"肖迪眼睛亮晶晶的，我知道那是希望。

临离开巴黎之前，我想留给肖迪一些钱，被她狠狠拒绝了："拜托，千万不要可怜我，我要是真的接了你的钱，我紧绷的那根线就会断的。赶紧走吧，我会坚持下来的。"肖迪给了我一个大大的笑脸。

我被肖迪的坚持深深折服了，我真的没想到一个以前只知道追剧逛街的女孩可以为了梦想这么疯狂，这么拼命。我佩服努力的女孩子，总会有一天站在我面前的是一个闪闪发光的肖迪。

世上没有漫不经心的成功，每一份看似漫不经心的

做个刚刚好的女人

成功背后都是深思熟虑的用力。太多漫不经心的表现，无一不是证明着内心的坚持与克制，在梦想绽放之路，以梦为马，方能不负韶华。

有一个叫王若卉的姑娘，她天生貌美，曾经是张学友的歌舞剧《雪狼湖》的女主角。

可是老天爷对她很不公平，多年前，她得了甲亢，一种让她的心跳比别人快两倍的病。医生宣布她从此以后既不能唱歌，也不能跳舞。

可是执着的她不相信，还是坚持舞蹈。哪怕一天只能跳两个小时，甚至只能跳一个小时，她也坚持下去。单亲的妈妈借了一间小屋子，布置成练功房，让她练习。

可是身体在变形，脸也在变形。一个青春貌美的姑娘，看着镜子中的自己一点点变丑陋，一点点变臃肿是件多么残忍的事。可是，她没有放弃，她只是拉上了窗帘。从此成了一名黑暗中的舞者，只有自己一个观众的舞者。

后来她重新登台，高歌一曲《我用所有报答爱》。

从她唱的第一个音开始，很多观众都感动到落泪。

为了自己的梦想，即使被病痛折磨也依然坚持，她的坚持是有意义的，她不仅得到了大家的认可，也证明了自己。

听过一个著名的故事：

在美国，有一位穷困潦倒的年轻人，即使把身上全部的钱加起来，都不够买一件像样的西服，但仍全心全意地坚持着自己心中的梦想，他想做演员，拍电影，当明星。

当时好莱坞共有五百家电影公司，他逐一数过，并且不止一遍。后来，他又根据自己认真规划的路线与排列好的名单顺序，带着自己写好的量身定做的剧本前去拜访他们。但第一遍下来，五百家电影公司没有一家愿意聘用他。

面对百分之百的拒绝，这位年轻人没有灰心，从最后一家被拒绝的电影公司出来之后，他又从第一家开始，继续他的第二轮拜访与自我推荐。

在第二轮的拜访中，五百家电影公司依然拒绝了他。

第三轮拜访结果仍与第二轮相同。这位年轻人咬牙开始他的第四轮拜访，拜访完第三百四十九家后，第三百五十家电影公司的老板破天荒地答应愿意让他留下剧本先看一看。

几天后，年轻人获得通知，请他前去详细商谈。

就在这次商谈中,这家公司决定投资开拍这部电影,并请这位年轻人担任自己所写剧本中的男主角。这部电影名叫《洛奇》。

这位为了梦想而坚持的年轻人就叫西尔维斯特·史泰龙。

如果是平常人,估计第一轮的拜访都做不完就已经失去了信心,更何况一千八百四十九次拒绝呢。平庸的人和杰出的人,其不同之处就是看能不能坚持。坚持下去就是胜利,半途而废则前功尽弃。

一切的进步和成就,都是自己硬着头皮走出来的,是靠着坚持和努力一路地披荆斩棘和斩妖除魔才得到的。人生会越坚持越长久,越努力越幸运。

也许坚持是需要付出代价的。但是当一件事情,你觉得一定要做的时候,是不论如何都会去做的。所有为梦想的坚持,都会给人生带来奇迹。

努力的姑娘运气不会太差

运气不是上天给的,而是自己努力挣的。

最羡慕的是那种有颜值、有身材还倍儿努力的姑娘,而我的这位好闺密就是让人羡慕嫉妒恨的主儿。不管怎么说,我所见到的这个优秀的她是她自己努力的结果。

我的这位闺密姓张,我们就叫她小张吧。大学新生报到我去得太晚了,无奈被分到了既有本科生,又有专科生的混合宿舍,恰巧小张就是专科生。让我一个大学本科生跟专科的女孩儿一起住,我的内心是拒绝的,不过我认识了小张,这也算是"因祸得福"吧。

第一次见到她我就觉得这个姑娘很漂亮,齐齐的刘海也难掩盖住水灵灵的大眼睛,笑起来能把阴天笑出太阳,谁都会感觉到她的纯洁善良,一看就是那种在优越环境下长大的女孩子。我一度以为生长在有钱人家的女孩子会很高傲,不好相处,后来发现,其实是我想太多了。很快我们成了好朋友。

大学四年大多数人的状态是除了上课就是吃饭、逛街、看电影,窝在宿舍一集接一集地看电视剧,而且毫无负罪感,反而觉得这样的生活十分惬意,用实际行动验证了高中老师常对我们说的那句"诅咒":上了大学你们就轻松了。然而在大家浑浑噩噩了三年后,小张却完成了专升本的考试,顺利升入本部英语专业的本科,而且英语四级、六级、专业八级证书统统拿到了手。

知道这些的时候我真的是惊呆了,她也跟我们一起吃饭、逛街,有时也陪我们看电影,这些成绩是什么时候取得的我却浑然不知。一度以为是上帝太偏袒长得漂亮的姑娘了,后来才知道,在大部分人还在床上为了起床挣扎的时候,她已经开始在校园的角落里背单词了,当大家早早回到宿舍刷电视剧的时候,她还在教室里做练习。她的各种证书、奖学金,在班里得到的各种荣誉称号和好人缘看起来都毫不费力,其实那都是她平时努力的结果。天上不会掉馅饼,老天也不会毫无理由偏袒任何人，所有在别人看来的好运，只不过是更多的努力和付出罢了。

她继续奔着自己的梦想努力，升本后安安稳稳读了一年，又在第二年读本科的时间里准备研究生考试。所有的努力都得到了回报，她顺利考取了北京理工大学的研究生，由于读研期间表现优秀，作为交换生被送到台湾半年，而这半年中她又通过自己的努力得到导师的欣赏，导师愿意给她申请住房，劝她留在台湾发展……

"亲爱的，你也太幸运了吧，要是上天赐予我这样的机会，我绝对会以迅雷不及掩耳之势答应下来。"面对如此机会，总是有人羡慕到不能自已，可她却说，我不知道我有多幸运，但是我知道努力会让我更幸运。

后来大家都来到北京后，再次相遇时，我发现她又漂亮了，是变成了那种人见人爱的女神：姣好的身材、精致的淡妆、素雅的小裙子，一切都很得体，让人看上去非常舒服。我笑说：女神，我可真要拜倒在你的石榴裙下了。看着风尘仆仆的我，她莞尔一笑：如果没有我每天坚持运动和饭量的控制，没有早起半个小时化妆，你也看不到这样的我。

以前一直以为,漂亮的女孩子很幸运,她们自带光环,大家自然而然地喜欢她们,好人缘天生就有,不用处处小心维护,其实运气这东西只不过是没有努力的人给努力且成功的人找的借口罢了,更是自己对自己不努力的开脱。

很喜欢离婚律师里关于女孩为何要努力的一段台词:我努力地工作,为的就是有一天当站在我爱的人身边,不管他富甲一方,还是一无所有,我都可以张开手坦然拥抱他。他富有我不用觉得自己高攀,他贫穷我们也不至于落魄。

运气不能持续一辈子,但是坚持不懈的努力可以使你一辈子有好运气。

现在我相信,运气更偏袒努力的姑娘。

独立的女人最性感

只有自己才是改变一切的那个人。

男人是视觉动物,总是喜欢性感的身材和漂亮的脸蛋,可是有一种女人也许两者都没有,但是她们身上却有一种别样的性感叫作独立。

有一天,娜娜打电话邀请我去参加她礼品店的开业,我不禁唏嘘,这个女人太可怕了,这都是第三家店了。我打趣说,这女人啊,真是神奇的物种,要是学会了独立,真的是"没有什么可以阻挡,对自由的向往……"

其实,想想我这个高中同学之前的样子,真的很难想象她会变得现在这般魅力四射。

高中的娜娜成绩并不优异,毕业之后就和男朋友外出打工了。后来我去参加娜娜的婚礼，新房里的娜娜红光满面，向我滔滔不绝地讲述着自己的幸福。"你应该像我一样早点出去见见世面。我们去了北京，虽然人们都说打工辛苦，但是我一点都不觉得。我老公什么都不用我干，他出去挣钱，回到家里还给我做饭。这辈子，有他我就什么都不用担心了。"当时我心里十分羡慕，感叹道："你可真幸运啊。"听我这么说，娜娜更是笑得合不拢嘴了。

时光荏苒，光阴如梭，再次见到娜娜是距她结婚三年的时候。她抱着一个两岁多的男孩儿，没了往日的美貌，留下的只是一脸的疲倦。

"我离婚了。"我一下子不知道该说什么好。只听娜娜幽幽地开口道："小的时候，有父母可以依靠，我什么都不怕。结婚了，以为有他在，我也可以什么都不怕。可是时间久了，他嫌弃我不挣钱、没见识、没眼光，身材没了，脸蛋也没了，居然狠心地抛弃了我……"

她的眼里没有泪水，估计她像祥林嫂一样已经把这些话絮絮叨叨地说了好多遍。

我不禁感慨万千。有人说，女人可以活得很轻松，"在家靠父母，出门靠朋友，婚前靠男友，婚后靠老公。"可是那些人都有可能离开你，只有自己才是最靠得住的那一个。

离婚后的娜娜完全变了一个人，她开始研究怎样养活自己，不知道那两年她是如何过的，但当她第一家礼品店开张的时候，她已经脱胎换骨。对于那两年，她只是轻描淡写地说："没日没夜地拼搏，只为了可以养活自己和孩子。"

在忙忙碌碌的娜娜身边，总有一个"默默先生"无声地陪伴着。我冲着娜娜眨眨眼睛："什么情况啊？"娜娜笑，"母亲节，他来我店里买礼物的时候认识的，然后就隔三差五地来。""那打算什么时候结婚啊？""等到合适的时候。"

我开玩笑地问"默默先生"："你喜欢我们娜娜什么呀？"他很认真地看着娜娜说："她与众不同，我并不是因为她自己一个人带孩子而可怜她，她的独立和坚强让我钦佩。"

"默默先生"看到了娜娜的光芒，是那个独立后的女人身上散发的魅力。

我们害怕孤独，总喜欢有人陪伴，但是不要忘了我们每个人都是独立的个体。父母可以陪你成长却不能陪你一生；爱情是生命的调节剂，却不是予取予求的魔术棒。

我们在生命中遇到的任何一个人都可能是过客，只有我们自己永远是主角。他人带给我们的快乐也好，悲伤也罢都有可能成为明日的记忆。

女人本就不应该成为男人的附属品，作为一个女人，必须不断充实自我，提升眼界。这样的女人，才能在没有爱情的滋润下，仍然活得自由自在。你不必去寻找自己的依靠，因为只有你自己才是那个依靠。

作为一个女人，你可以孝敬父母、温柔多情、相夫教子，但这并不表示你只能依附别人去生存。因此无论何时都要记得经营自己的生活，做个独立的女人，才能为自己带来更多幸福。

永远都要内心强大

内心的强大,永远胜过外表的浮华。

现在很流行一个词,叫作"玻璃心",用来形容很容易受到打击、内心过于敏感脆弱的人。可是生活在快节奏的社会中,一颗"玻璃心"会碎多少次,又能否立足于这个社会真的是很大的问题。

而对于一个女人来讲,想成为更好的自己,就应该去见识更大的世界,去认识更多奇妙的人,去汲取更广泛的知识。不用得到别人过多的称赞,因为你自己知道自己有多好就够了。内心的强大,永远胜过外表的浮华。

伊能静与小她十岁的秦昊结婚时受到很多人的冷嘲热讽,她发微博回应:"那些以为只有年轻才能被爱的女人，是不是也认为自己老了被遗弃是活该？……强大的女性应该团结在一起，让多数人知道什么时候我们都能活得很精彩，生命的丰饶更是可以跨越时间。真正活出自己的女人，灵魂绝不会被他人绑架，更不怕被任何扭曲的思想遗弃。"在回应"玻璃心"事件的时候，她说："我不同意，什么是玻璃心？我流几滴眼泪就是玻璃心了？那他们对眼泪的理解太肤浅了，所有能哭出来的事儿都不是事儿，我选择什么样的表达方式是我自己的自由。说真的，说我是玻璃心的一些人，你们谁可以靠一个人的力量赚几千万来养家，姐什么世道没经历过，什么风浪没见过。"就是这样一个内心强大的女人才会说出这样的话，才能从容面对各种闲言碎语。

俗话说："人的内心必先强大，而后能抵御很多侮辱。"不止娱乐圈的明星需要有强大的内心，要抵御各种流言蜚语的攻击，职场上也是波涛汹涌，暗流涌动，当你遇到危机和困难的时候，一颗强大的内心会帮你渡过难关。

表妹今年刚毕业，进入一家广告公司做设计，她是个性格比较内向的女孩儿，在家的时候又有点儿娇生惯养，可是公司毕竟不是家里，没有人顺着她的意，她去了以后各种不适应。她本想给领导留下个积极主动的好印象，就很热情地向领导请教各种问题，可没想到弄巧成拙，她这个刚入职场毫无实操经验的菜鸟提的各种白痴问题让领导倍感厌烦，而且她本意是想了解正在做的项目的进度，却因为处理方式不当给领导带去了压力，于是表妹再问什么问题，领导都含糊其词，能不搭理就不搭理。

表妹感到很受伤，回家就哭起来没完，说是自己好笨啊，情商太低了，在不知不觉中就得罪了领导，这可怎么办啊。我接到求救电话的时候她正在一边啜泣一边呜呜咽咽地描述事情的经过。她当然会站在自己的角度陈述事情的经过，毕竟旁观者清，我站在领导的角度给她分析了领导的心理和难处后，她才止住了哭声。对于表妹的玻璃心我也毫不犹豫地指出来，遇到这么点儿小事就哭起来没完，却不想着弄清原因找到应对的办法是一点儿用处都没有的。

我说表妹内心太脆弱了，应该学着让自己强大起来。
然而，后来自我反省我说过的话，我觉得自己错了。其实我们每个人，本身就是强大的。像毕淑敏老师说过的那样，强大的原意指的就是一个卑微如虫的生命，只要将精神弘扬出来，它就有力量。作为一个活生生的人，即使再弱小，也会比一条虫子要有力量，所以我们天生就很强大。只是我们需要发觉自己的强大，释放自己的天性而已。

每个人都会失败，但如果我们内心坚定，我们就会强大，我们可以战胜失败，将失败作为攀登成功之峰的垫脚石。人无完人，这个世界上没有瑕疵的人根本没有出生，但如果我们用一颗宽容的心对待，我们依然强大。

在生活和工作中，在不得不跟人接触的过程中，我们难免会受到伤害，不管是无心还是有意的。不要把受伤当作羞辱，受伤是勋章。强大也会受伤，只不过修复的能力比较强，速度比较快，让你能够在更短的时间内重上战场。

一个内心强大的女人可以独立生存，生活上可以独立，精神上也可以独立，哪怕自己一个人也一样会把日子过得精彩。自信、自知而不自卑，可以经得起打击，也可以承受得了皇冠。要像只打不死的小强一样拥有顽强的生命力。要能自控、自制、自我管理，坚定勇敢地追求自己的人生目标。不以物喜，不以己悲，"心无挂碍，无挂碍故，无有恐怖"。

听过这样一个小故事：三伏天，禅院里的草地枯了一大片。"快撒些草籽吧，太难看了。"小和尚说。"等天凉了吧！"师父挥挥手，"随时！"

中秋，师父买了一包草籽，叫小和尚播种。秋风起，草籽边撒边飘。"不好了！好多种子都被风吹飞了。"小和尚喊。"没关系，吹走的多半是空的，撒下去也发不了芽。"师父说，"随性！"

撒完种子，跟着就飞来几只小鸟啄食。"要命了！种子都被鸟吃了！"小和尚急得跳脚。"没关系！种子多，吃不完！"师父说，"随遇！"

半夜一阵骤雨，小和尚早晨冲进禅房："师父！这下真完了！好多草籽被雨冲走了！""冲到哪儿，就在哪儿发芽！"师父说，"随缘！"

一个多星期过去了。原来光秃的地面，居然长出许多青翠的草苗。一些原来没播种的角落，也泛出了绿意。小和尚高兴得直拍手。而师父只是淡淡地点点头："随喜！"

做个刚刚好的女人

"玻璃心"也是因为太在意、太奢望,把事情看得太重,若可以把一切看淡一些也许就不会大喜大悲;如果能有师父那样淡然的心态,那么遇到的所有结果都不会大惊小怪,这也是一种内心强大的表现。

学做聪明女人

聪明的女人更像酒,时间越久越香浓。

现在的社会对女性的要求越来越高,一个"我负责貌美如花,你负责赚钱养家"的女人,经不起时间的考验,男人再爱也会有承受不起的一天。而一个"上得厅堂下得厨房"的聪明女人不仅拥有自己的事业,还会拥有和睦的家庭。

聪明小姐是我的老朋友,她不仅是我们几个好友中最早步入婚姻殿堂的,也是最早成为辣妈的,更让我们羡慕不已的是不知她从哪学到的"拉近婆媳关系之术",竟然能跟婆婆的关系像母女。

上次一起喝茶,聪明小姐给我们看她婆婆送给她的金手镯和祖母绿吊坠。"这个吊坠是我婆婆家的传家宝，一代一代传下来的，现在传到我这了。"她一脸的得意。

"那怎样也该传到她大儿媳妇手里吧，怎么传给你这个二儿媳妇呢？"我们一脸不解。

"那还用说，当然是因为**婆婆更喜欢我啊**。"

我们早就耳闻聪明小姐特别厉害，把婆婆哄得团团转，三个儿媳妇，婆婆最喜欢的就是她了，对她简直比对亲闺女还亲。

我们纷纷向她讨教方法。"换位思考一下，假如你是婆婆，希望儿媳妇是什么样子啊。你要是既聪明又美丽，既会挣钱又会照顾老公和孩子，那能不招人喜欢吗。"

我们不得不佩服聪明小姐的聪明。听说当年她老公就是看上她的聪明劲儿才穷追不舍的。她结婚之前是公司的销售经理，很有头脑，特别能干，而且挣钱一点儿都不比她老公少。后来结了婚，小宝宝不期而至，打破了她原来的计划，紧接着婆婆又发话，让她辞去工作，在家安心养胎，这些都比她的计划提前了两年，没有抱怨，她欣然接受了现实，然后灵活地调整了自己的计划。

她辞去了工作但并没有只是乖乖地在家养胎，在那期间她开始研究鲜花的栽培和保鲜，还开始看书学习插花。因为她盘算着自己生完孩子的一到两年里工作的可能性比较小，还不如学习下怎么开花店。养胎期间她就已经对花卉的养殖和插花技术掌握熟练，而且还准备开一个微店，这样可以实体店和网店一起经营。她一直在关注适合开花店的商铺。正是这些准备工作做得到位，在她坐完月子后没多久，便找到了合适的商铺，陆陆续续实体店和网店都经营了起来，在雇了一个大学生兼职后，她基本可以一边看孩子一边照顾花店的生意。

"每次婆婆来看我都夸我能干，她也是爱花之人，看着我的花特别喜欢。老公也比以前更心疼我。"聪明小姐一脸幸福的微笑。

记得去参加聪明小姐宝宝的满月宴的时候，见到了她的两个妯娌。老大媳妇一看就是老老实实的农村妇女，听聪明小姐说，大嫂特别朴实，嫁过来后一直是家庭主妇，什么活都会干，对婆婆也特别好，但婆婆总是嫌弃她没文化又不修边幅，是个丑女人。三媳妇是个娇贵小姐，虽然长相漂亮，但是从没工作过，也不会做家务，嫁到他们家后除了天天打扮自己那张脸，基本什么也不管，婆婆自然讨厌她。像聪明小姐这样一个既能处理好家庭关系，又能赚钱的漂亮女人，谁会不喜欢呢。

一个聪明的女人，在事业上利用聪明的头脑打拼自己的天下，即使再精明强干，也知道将那副面孔留在工作中；聪明女人知道在男人面前柔情似水比板起面孔吆三喝四更能让生活和谐。她们能平衡好家庭和事业的关系，也会维护好婆媳关系。在自己劳累的时候懂得犒劳自己，而不是对着家人大发牢骚。

聪明的女人是精致的女人，不仅自己的每一件衣服都是经过精心挑选的，丈夫、孩子的一条围巾、一件外套都倾注了她的心思，家人的衣着和家里的陈设都有她的涵养和品位。

聪明的女人具有深厚的内涵，她们乐于享受精神，读一本好书或是听一首好歌。她们不乏追求但懂得满足，优雅浪漫但不张扬，她们被人欣赏更欣赏别人。更重要的是她们懂得享受生活，更知道如何聪明地经营自己的人生。

比美貌更动人的是女人的风度

> 做一个有风度的女人需要内外兼修，即使岁月流逝，美貌不再，依旧可以芳香四溢。

现在的社会，颜值高真的也是资本，于是很多女孩子开始花大把的时间和金钱在自己的外貌和穿着上，甚至有人不惜花大笔钱去整容。

很欣赏一句话，叫作"就算没有倾国倾城的美貌，也要有摧毁一座城的骄傲。"尽管岁月会让我们的美貌大打折扣，但内在丑陋不堪的人是不会有倾国倾城的美貌的，而风度一定会给一个女人的美貌加分。

有风度的女人胸怀宽广，她用理智与淡泊来容纳人生万物、世态百象。面对自私与狡诈，粗浅与莽撞，她会淡然一笑。她不会在都市的喧哗中庸人自扰，她沉淀出了一种超凡脱俗的气质，就如兰花一样幽香。

看到美貌和风度这两个词，我很难不想到奥黛丽·赫本。她是一个完美典型—可爱、忠诚、优雅、甜美、开朗、值得信任，她真的不能只用一个"美"字来形容，或许应是风度翩翩。

曾经在培训的时候，遇到了一位很特别的老师，她虽然没有奥黛丽·赫本的美貌，却有着让所有女人羡慕的优雅和风度。她穿着职业套装，头发挽成一个发髻，干净利落，简单大方。讲课过程中她的背始终挺得笔直，脸上始终挂着微笑，在她的身上似乎看不到四十几年的时光留下的痕迹，好像三十岁的时候岁月就静止了。一个四十几岁的女人依然保持着优雅的风度，她说，尽管柴米油盐的日子依然要过，但是内在的自我修养却是不能停止的。

有人给"风度"这样定义，当你的智力在敏捷性、灵活性、深刻性和批判性等方面得到发展，你在知觉、表象、记忆、思维等各方面得到了提高，加之你拥有丰厚的涵养，那么，你就自然而然地拥有了优雅的风度。其实风度是人的内在素质的外在表现，因此，良好的风度必须以丰富的知识与涵养为基础。风趣的语言、宽和的为人、得体的装扮、洒脱的举止等，都是一个人的风度。

听身边的人讲过这样一个故事，妻子发现丈夫有外遇，她知道丈夫不会主动找她摊牌，于是在一个周末与丈夫相约去吃烛光晚餐。那天妻子穿得十分优雅，合身的旗袍修饰出身材的曲线，黑色的高跟鞋让她走起路来更加笔挺。

丈夫看到从更衣室里走出来的妻子，被她的美丽惊艳到了，而接下来的话更是让丈夫没想到。妻子看着愣住的丈夫，说："我知道你还有一个更好的选择，我不会妨碍你追寻自己的真爱。这顿烛光晚餐就是最后的晚餐了，为了纪念我们第一次的约会。"

说完就昂首挺胸地向外走。丈夫一下子被惊醒了，他没想到妻子知道后会是这样的从容淡定，他以为的大吵大闹、歇斯底里根本不存在。他突然觉得最爱的还是妻子，一直都爱着眼前这个优雅的、气度非凡的女人。那晚，丈夫对妻子敞开心扉，并忏悔自己的过错，直到妻子完全原谅了他。

偶尔妻子会想，那天如果她真的像一个泼妇那样大吵大闹，也许现在就是另外一番景象了。每每想到这些，妻子的嘴角就挂着笑。

有风度而且漂亮的女人，是有强大吸引力的，她的举止谈吐，一投足一举手之间都那么含蓄、深沉、温柔、善良，给人一种亲切、安慰、怡人的愉悦和韵味，她不但自己对生活充满热情，而且带动身边每一个人对生活的执着，唤起对生活的渴望。所以丈夫没有离开她，与妻子和好如初。

比美貌更动人的是女人的风度，一个有风度的女人是一本百看不厌的书，让你翻过了还想翻，读过了还想读；一个有风度的女人是一朵常开不败的花，岁月流逝，依旧芳香四溢。

不断改变，
才会给人生带来新的可能

> 世界上只有两种人：一种是观望者，一种是行动者。大多数人想改变这个世界，但没人想改变自己。

甘地说："在这个世界上，你必须成为你希望看到的改变。"当我们从内心开始改变自己，会发现世界随之变得美好。生活是自己的，付出一些努力去使自己变得与众不同，会让生活充满惊喜；若是甘于现状，随波逐流，或许剩下的就只有后悔。

蔻蔻是我的一个朋友，很久以前一起聊天时，她就说过不喜欢现在的工作，想要尽快辞职出国深造。但她又说出国深造要办好多证明，光把资料准备好就需要半年时间，在国外还要至少待两年，时间太长了，那会儿自己都成剩女了，要是再找不到男朋友搞不好会孤老终生,还是继续干一段时间再说,没准会找到男朋友,到时候一起出国还有个伴。

后来我又见到蔻蔻,问她男朋友找到没,出国的事情准备得怎么样了。她跟很久以前说的一模一样,还是想出国,但还是没准备好。她还没有离开原来的公司,还是会时不时抱怨不喜欢那份工作。她身边的同事已经换了个遍,可她还是照老样子每天上班混日子,下班追剧,周末不是睡觉就是逛街来消磨时间。这么久了,她的生活根本没有任何改变。

蔻蔻常挂在嘴边的话就是,"好累呀,不想动",或者"适应新环境太累了,还是就这样舒服"。

一个打心眼里就不想改变的人,根本无法体会改变会带来什么样的惊喜。也许等到她老了,才会真正后悔当时的"所作所为"。

我还认识一个朋友晴姐,她绝对可以做蔻蔻的榜样。

晴姐是个很有思想的人,跟她做了一年的同事,我一直觉得她做事很认真,条理清晰,基本上工作的事情都在上班时间完成。她从来不会跟别人聚到一起讨论领导或同事。表面看来她和大家一样,每天按时上下班。但是下班后却很会利用时间,她一直在利用零星时间学习，给自己充电。

后来，她突然提交了辞职申请，我很不解地问她，"晴姐，在这儿干得好好的怎么突然就要走呢？"

"来这里已经三年了，这里的工作基本已经没有什么挑战性了，总觉得再这样下去就能看到自己老的时候是什么样子了。"晴姐说，"生活需要激情，需要探索新的区域。我辞职后，打算跟老公去深圳，我们都在那边找到了不错的工作。其实这段时间每天下班后都在上课，课程都学完了。虽然要重新开始，但并不会怀疑未知的生活，浑身充满了力量。"晴姐对未来的生活充满了期待。

"小妹，你也要学会让自己做哪怕一丁点儿改变，不要像有的人一样天天一成不变地刷着朋友圈，看着偶像剧，喝着茶，聊着八卦，浪费着大好的光阴。做一点儿改变也许你的人生会有意想不到的收获。"晴姐诚恳地告诫我。

我不得不佩服晴姐，她对自己的工作和生活不满意就开始改变自己，无声无息地做着充足的准备，没有任何抱怨。最终那些改变给她的生活带来了光彩。而蔻蔻却只是在抱怨生活，却从未付诸行动。

想想以前的自己也是个不喜欢改变的人，一把梳子可以从初中用到工作三年，一件家居饰品好多年不曾换，当有一天换了一把新类型的梳子，一件与众不同的饰品，突然发现，梳起头发来更好用，家里瞬间变得更漂亮了。但是当初扔掉旧的梳子和饰品却怎么也舍不得，总觉得扔掉的是习惯。

其实就是这样，就像习惯了两点一线的安逸生活就很难再增加一条去健身房的路了，不是念旧，只是不想打破原来的舒服。可是当真的做过激烈思想斗争后下定决心做出了改变，你会发现这个不一样的生活方式更有趣。

不是不想变，只是你不敢！能承受改变带来的最坏结果，才配拥有它的好。

摆脱贫穷思维，
做会赚钱的女人

> 钱包有钱，就是安全感。有钱又漂亮，就是女人在生活中的底气。

女人要三从四德，相夫教子的年代早已一去不复返，很多男人不再希望自己的妻子是天天在家做家务照顾孩子的家庭主妇。但总有一些女人依然保留着"从夫从子"的传统观念，她们离不开自己的丈夫，因为经济不独立，离开了就真的要挨饿受冻了。

就算没有倾国倾城的美貌，
也要有摧毁一座城的骄傲。

前不久联系到了一个许久不见的小学同学小甜，记得她从小就是那类超级乖的女孩儿，父母的任何安排绝对会毫不反对地接受。在家庭环境的熏陶下，她对母亲说的话坚信不疑。母亲告诉她：女人的"教养"是要嫁鸡随鸡嫁狗随狗；女人的本分是相夫教子，把丈夫和孩子照顾周到。这个乖乖女奉母亲的话为真理。在父母的安排下，小甜小学毕业后就跟父母在家务农，后来通过媒人介绍，她嫁给了同村的一个男孩儿。小甜谨记父母的教诲，一晃就认认真真地做了七年的贤妻良母。

小甜的丈夫在他们的儿子刚出生半年后就离开家到外地打工，而小甜就天天围着孩子转。过年过节丈夫回到家里，她的生活又变成了围着孩子和老公转。

"老公，来吃饭吧，饭盛好了。"

"老公，你衣服脏了，换下来给你洗一洗。"

"等会儿啊，我先给孩子换了尿布再给你倒水……"

"老公，赶紧来洗脚睡觉吧，要不然水都凉了……"

……

听完她讲这些，我简直要崩溃了，这算是妻子吗，保姆都不会这样吧！

我看到她在讲这些的时候满脸的鄙夷，好像那些事情不是她做的，那些话不是她说的似的。大概她现在也很鄙视那时候的自己吧。

两年前,小甜离婚了,她的前夫娶了一个跟他一起打工的女人。小甜说她见过那个女人,正是那次见面使小甜觉得她婚姻的失败是那么的理所当然。一个做销售的女人,精致、优美、干练、果敢,衬托得小甜更加蓬头垢面,自卑懦弱。那天见面以后,小甜一晚上没有入睡,她在想自己的问题到底出在哪里。后来她终于想明白,没有收入的自己即使为家庭付出再多,包括自己的青春,也只是一个不拿钱的保姆,不管吃什么、穿什么、用什么都觉得那是别人的东西。

她想通了,及早脱离了苦海。现在小甜也走出了那个小村子,她说,好后悔没有多上点儿学,没早出来看看,看到大城市忙碌的人们,她也充满了干劲儿。虽然现在不能天天见到孩子,但是她已经可以自己挣钱养活自己,还能每个月给家里寄些钱回去,感觉生活很充实,很有意义。"自己赚钱养活自己的感觉好踏实,好心安。"

母亲从小告诉我,女孩子,离开父母以后,不管什么时候都要有自己赚钱养活自己的本事。很多女人觉得

做个刚刚好的女人

赚钱是男人的事,"干得好不如嫁得好"这种话跟"女人无知便是福"一样是毒药,最可怕的是很多女人深信这种说法。就算一个女人嫁得再好,可是有满脑子的旧思想,要靠丈夫养一辈子,这样的女人到了三四十岁,一旦面临婚姻的危机就会十分被动。会赚钱的女人无论何时何地离开谁都可以活得很潇洒。

我有一个阿姨,是我妈以前的同事。我妈老在家唠叨,那个阿姨太享福了,每天一下班就可以吃到老公做好的饭菜,吃完饭也不用吩咐就主动去收拾,睡觉之前还给她打好洗脚水,做按摩,把她当女王似的供着。我妈说着,两眼冒桃心,羡慕得不行不行的。我心里也觉得阿姨很幸福。可是后来阿姨工作的厂子倒闭了,下了岗的阿姨天天来我们家跟我妈抱怨,自从下岗以后,她老公再也不给她洗衣服、做饭、洗脚、按摩了,以前他老公做的事情现在全由她来做,她在家里的地位真是一下子由女王变成了女仆。阿姨心里非常委屈,但是她很明白地说:"经济基础决定上层建筑,这话真是一点儿没错。我上班那会儿是家里的主要经济来源,他就温柔体贴、悉心照顾,现在我工作没了,他倒翻身农奴做地主了。我跟你们说,女人,不论什么时候啊,都要自己能赚钱，要不然你就真的没地位了……"阿姨一边说一边抹眼泪。

女人，一定要对金钱有概念，一定要自己挣钱，一定要自己给自己安全感。会开车，会打扮，车子有油，手机有电，钱包有钱，这些都是安全感。你自己有钱又漂亮，生活中才会更有底气。

徐志摩是一位多情的才子，正是他的多情让他的原配妻子张幼仪经历了情场的坎坷，但却造就了一个精明的商人。

张幼仪和徐志摩是张家和徐家联姻的工具，徐志摩对张幼仪并没有多少情义。在张幼仪生下长子后不久徐志摩就留洋去了。后来在家人的压力下徐志摩被迫把张幼仪接到身边，可是此时的徐志摩已与林徽因坠入情网，不久徐志摩就提出离婚。去德国前，张幼仪怕离婚，怕做错事，怕得不到丈夫的爱，委曲求全，可却受到很多伤害，但当终于亲耳听到"离婚"二字后，已有两个月身孕的张幼仪毅然同意。在张幼仪生下次子后，两人在德国柏林离婚，后来心爱的儿子死在他乡。

在德国，张幼仪经历的离婚丧子之痛，让她忽然明白，原来任何事情，都要依靠自己。张幼仪一夜长大，从羞怯少女,转身成为铿锵玫瑰,不管风雨阻挠,她无所畏惧,很快开创出真正属于自己的精彩。离婚后,张幼仪去德国深造。回国后她先是在东吴大学教德语,后来出任上海女子商业银行副总裁,凭着自己精明的商业头脑,张幼仪又出任静安寺路的云裳服装公司的总经理。在之后的经商过程中赚到了数不清的财富。

我从不觉得提"钱"俗气,我就是喜欢钱,但这些钱是我通过自己的努力挣来的。我用自己的钱买自己的包包、化妆品、衣服、鞋子、房子、车子……男人出现在我的生活里只是锦上添花,而不是我不能离开的钱袋。

所以女人还是要会赚钱,即使离开男人,也有生存的资本。希望你能像小甜那样认清自己,然后果敢、坚强找回自己,像张幼仪那样自信、努力、拼搏,哪怕从头开始也毫不畏惧。

Part 3

能享受最好,也能承受最坏

不喜,不悲

你不必讨全世界喜欢

不要试图让所有人喜欢你,讨好所有人和对所有人冷漠是一样的。

很喜欢读到过的这句话:你不必去讨好所有人,正如不必铭记所有"昨天";时光如雨,我们都是在雨中行走的人,找到属于自己的伞,建造小天地,朝前走,一直走到风停雨住,美好晴天,一切都会过去。

大学毕业去的第一家公司遇到过一个同事,她叫芳芳。

我刚到公司,感觉人生地不熟的,没想到芳芳主动和我说话,还把她的零食分给我,我觉得这个女孩子温柔热情,在公司应该人缘不错,可是后来我的想法被彻底推翻了。

一大早,芳芳提着好几杯咖啡来到公司,说是专门给大家买的，她把咖啡一一分完后，就回到了自己的座位，可是不一会儿却听到有人抱怨咖啡没加糖、不是自己想要的口味，还有人直接指责芳芳：以前不是知道我们的喜好么，怎么这么点儿小事都做不好，执行能力也太差了……我被这样的场景惊呆了。本是好心好意却招来这么一大堆指责和不满，我以为芳芳会很生气，没想到芳芳站在一边一脸的歉意，低着头，一副做错事的孩子的模样。芳芳脸涨得通红，道完歉，默默走到自己的座位上干自己的事情了。

从那时开始，芳芳就一直焦虑不安，小心翼翼，似乎盼着有人找她帮个忙，好来弥补自己犯下的错误。"芳芳，"终于有个同事跟她说话了，"去帮我取一下快递单子，我要寄快递。""好！"她如释重负地答应着，快步走开去取同事需要的东西了。快递单子取回来，那位同事只是冷冷地叫芳芳放在桌子上，连声谢谢都没有说。

不知道的人肯定以为公司的人太没礼貌、没教养，跟大家接触久了便会发现，不是大家的问题，是芳芳自己的问题，她太想讨好每一个人了，太想让所有人都喜欢她，可是一千个读者有一千个哈姆雷特，一个人又怎么会变成所有人都喜欢的样子呢。这样小心翼翼地取悦别人不仅自己很累，被取悦的人也感受不到真诚，根本不会把她放在眼里。芳芳那样的取悦让她迷失了自己，让她活得很辛苦，却没有得到朋友。

我突然想起来，自己也曾有过跟芳芳一样的一段时间，特别想讨身边的每个人开心，可是好像越是那样越没有人看到你似的，反而失去了朋友。

那是小学的时候，由于父母到北京工作，我被送到姥姥家和姥姥、姥爷还有舅舅家的弟弟一起生活。舅舅家的弟弟见到我的第一句话就是：你为什么来我家！我被他蛮横的样子吓到了，同时我也意识到，这不是我的家。在那里生活的那段日子里，我处处小心，处处讨好，生怕惹到某个"主人"而被赶出去。

我想吃苹果，看着买来的苹果却不敢自己主动去拿，我会先去告诉姥姥："姥姥，我想吃苹果……""吃吧。""那您要不要吃啊，我也给您拿一个吧。""不用了，我不吃。"我开始学着做家务，帮姥姥扫地，学着做饭，拼命学习，每次考试都要带着奖状回家……我不想因为哪一点做得不好让姥姥不开心。邻居来姥姥家都会夸我懂事，可是他们不知道我是无奈，我只是想讨姥姥的开心。

在学校里，我讨好身边的同学和老师，替同学做值日，帮他们跑腿买零食，我以为只要满足他们，帮助他们，他们就会喜欢和我一起玩，可是结果却跟我想得一点儿也不一样。我原来的朋友不再和我一起玩了，因为我要给大家去买零食，下课后根本没有时间陪她；而我帮忙买零食的那些同学只是把我当作一个跑腿的机器，根本没当成朋友。那段时间我的小心翼翼，我费尽心机的讨好，并没有让大家喜欢我。而我自己身心俱疲，并不开心。

后来我才明白，一个人想得到全世界喜欢是根本不可能的，众口难调，对所有人好就是对所有人不好，最后可能连朋友也没有了。

想明白这些后，我再不特意去讨好别人，只真心对待值得我付出的人。我把自己的故事和想法告诉了芳芳，她听后若有所思。后来我看到的是她努力工作的样子，再也见不到那个唯唯诺诺、如履薄冰的小女孩儿了。

我的一个闺密，她不会让每一个人都喜欢她，但却有交到很多好朋友的魅力。她性格大大咧咧，不拘小节，但是原则很明确，跟她脾气秉性相投的人做朋友毫无问题，与她观念不同的人或者她看不上的人坚决不做朋友，她才不会在乎那些人喜不喜欢自己。原则明确的人反而更能交到朋友,因为他们能让朋友感觉到自己跟别人的不同。

记得席慕蓉在《独白》里说过一句话:在一回首间,才突然发现,原来,我一生的种种努力,不过只为了周遭的人对我满意而已。为了博得他人的称许与微笑,我战战兢兢地将自己套入所有的模式所有的桎梏。走到途中才忽然发现,只剩下一副模糊的面目和一条不能回头的路。

我们接触的人,不会每一个都对我们满意,我们也没有义务让每一个人满意。这个世界上只有自己永远不会离开自己,保持自己的个性,成为自己喜欢的人,才会获得别人的喜欢。去努力讨好全世界的人,终究是要失去全世界的。

你被套路了，
还舍不得放手

很多时候被套路了并不是我们不知道，而是知道后却缺少走出去的勇气和决心。

人生路很长，遇到渣男、渣女、"渣闺密"的情况在所难免。要么你慧眼识珠，不被套路，要么被套路了就果断放手。

我和晓静从高一开始就是形影不离的好朋友，我性格温柔，她大大咧咧，天生互补，她总是像老母鸡保护小鸡仔似的保护着我。

高一下学期，晓静偷偷谈了恋爱，天天拿我做挡箭牌避开父母的耳目溜出去约会。能看得出她非常喜欢那个男生，我只能暗地里督促她不要因为恋爱耽误了学习。

高二刚开始没多久，我们班的姗姗主动接近我和晓静，说是想和我们做朋友。平时跟姗姗接触不是很多，但是一个热情的女孩子要加入我们，以我的性格根本不好意思拒绝。

晓静见我答应了，一开始很不高兴，但后来跟姗姗接触后发现，她既聪明又大方，就接纳了她。之后晓静偷偷溜出去约会就又多了一个挡箭牌，而且很多时候真的除了他们那一对，姗姗也在场。

有一天，晓静发烧没来学校，我只好独自回家，却在路上看到姗姗和一个男生手牵手，我以为姗姗也谈恋爱了，追过去才发现，那个男生竟然是晓静的男朋友！我吓得不敢出声，赶紧跑回去告诉晓静。

最后，晓静把姗姗约出去，我以为她女汉子的那一面又要爆发出来了，会像为了我而跟别人打架那次。我怕她出手太重，匆匆追出去。破天荒第一次，她竟然抑制住了自己的愤怒，只说祝他们幸福。

我愣愣地呆在原地，很久才想明白姗姗主动要求加入我们就是为了夺走别人的男朋友……这个套路真的太深了，我内心充满愤怒，如果那时候就流行"心机婊"这个词，用来形容她一点儿也不为过。

晓静的睿智让她选择潇洒地离开了那个不值得爱的

人，没有任何哭闹，只是看清楚了一切，便安安静静地走掉。

被套路了却不知道，那很可怜，可是明明知道被套路了却还为了蝇头小利舍不得放手，那叫可悲。

爱情小姐是我很早工作的公司前台，她是个非常憧憬爱情的小女生，对于爱情只要是她认定的，九头牛都拉不回来，所以我们都叫她爱情小姐。

爱情小姐长得很漂亮，用肤白貌美大长腿来形容一点儿也不为过，作为公司的前台，再加上她独有的气质，公司的男士对她青眼有加。

爱情小姐对于爱情有自己独到的看法，不会轻易分手，但是分手后也不会轻易恋爱，所以自上一任男友分手后一直保持单身。公司很多优秀的男士都向她示过好，但她依然无动于衷。她一直仰慕公司的总监，每天只是远远地看着他就足以让她高兴半天。

五一节假期过后，总监突然约爱情小姐吃饭，这突如其来的幸福让她不知所措。她穿着自己最漂亮的衣服，怀揣一颗怦怦直跳的心去赴约了。一顿饭的时间她便陷入总监成熟男人的魅力之中不能自拔，更加坚定总监就是自己想嫁的男人。

后来每次总监相约她都欣然前往，她以为遇到了自己的白马王子。直到有一天，一位雍容华贵的少妇来公司找总监，爱情小姐才知道自己被套路了，总监已经结婚，自己只不过扮演了个情妇的角色。

可是固执的爱情小姐不愿离开总监，她竟然学起了鸵鸟，假装自己不知道总监已婚的事实，继续享受着约会的快乐，心安理得地拿着总监送她的礼物……

她说："我不能离开他，因为我爱他。"

我淡淡地说："别跟我说你甘愿被渣男套路是因为爱情，傻子才会相信！你只是放不下那些昂贵的礼物和自己的贪心……我不能保证一个有家室的男人会给你爱情。"

知道自己被套路了要学会放手。能承受生命中的美好也应该学会承受伤害，而不是明知道自己错了还要一错再错下去。

有时候生活中的很多事情不用想我们都知道它的发展方向，利益的驱使让我们明知道事情向着并非我们所愿的方向发展却舍不得停下来。最后呢，吃亏的是自己，你可能丢掉了时间，也可能浪费了青春和感情。

有一句话是这样说的："我们这一辈子总要爱过炮神信过狗，和婊子做过好朋友。"那又怎么样呢？就当生命处处有惊喜好了。但是无论什么时候，你都要学会放手，潇洒地转身，留下一个帅气的背影给那些伤害过你的人，然后漂漂亮亮地过自己的人生。

你只是看起来过得很好

希望你不只是看起来过得很好,而是真真正正过得很好。

小时候,所有的孩子都有一个敌人,叫"别人家的孩子",以为长大以后就可以不用再跟"别人家的孩子"有瓜葛了,可是没想到大学毕业后还要活在"别人家的孩子"的阴影下。

似乎所有的母亲都会这样,女儿一毕业,就催促着赶快找个人嫁了,觉得一个女孩儿在外面打拼太辛苦,为了过上好生活,最理所当然的就是找个有钱人结婚,好好过日子。可是我却难以接受父母那老旧的思想。每次母亲见到我就会说:"闺女啊,赶紧找个人结婚吧。你看看你叔叔家的女儿,比你还小呢,孩子都快两岁了。虽然他们小两口都没上过大学,但是家庭条件好啊,家里有两层小楼呢,看人家那小日子过得多滋润。哪像你,老大不小的也不找对象,你说要让我跟你爸操心到什么时候……"一听到老妈念紧箍咒我就头疼,赶紧找个耳机把耳朵塞起来,让她自己接着念吧。

是啊,在我们眼里别人都过得很好,唯独自己过得不好。家长们总是很程式化地判断一个姑娘是否过得好。工作是否稳定,是否结婚,嫁的人是否有钱,是否有孩子,如果这些问题的回答都是"yes",那么他们就理所当然地认为,你是个过得很好的姑娘,然后被作为模范典例去教育自己家的闺女。他们才不会管别人家的闺女是否婚姻幸福,是否是真爱,婆媳关系是否融洽,孩子是否有人带,工作是否顺利等问题呢。

每天通过朋友圈,看到朋友们各种晒,晒美食,晒逛街,晒旅游,晒老公,晒孩子……就会不由自主地羡慕嫉妒,人家怎么都过得那么好,我却还是"寡人"一个。但就是这样悲催的我也曾成为别人口中的过得很好的人。过年回家总能听到邻居阿姨去我家说各种夸奖我的话:"你们家闺女真有本事,从小到大学习都不让人操心,上了大学还找了个好工作,肯定挣得不少吧,比我们家的强多了。你看你们一家子过得这么好，真让人羡慕。"

人们都以为被羡慕的人都过得很好，其实各有各的烦恼。

最近一个工作很不错的朋友辞职了，这令我很诧异。她也是家长口中的"别人家的孩子"。她在那家公司做了两年，表现很不错，按苗头肯定能在不久后升职加薪。可是她却说你看着我每天穿得光鲜亮丽挺让人羡慕的，可是，我工作得并不开心，每天都很累，每天都重复着一成不变的工作，我挣到了钱却失去了时间和快乐，我过得也不好。

看吧，即使看起来过得很好的人也可能过得不好。在我们看来，朋友辞职会承担很大的风险，但是她明白，哪怕在别人眼里再怎么好，那也不一定是自己心里想过的生活。

工作中认识了一个姐姐，她跟我是老乡，感觉很亲切。她跟我说起自己是怎么认识她老公的，说起她恋爱的事情还有她四岁的宝贝儿子，一脸的幸福。她老公是北京人，有房有车又有钱，嫁到这样一个家庭，是很多女孩儿梦寐以求的。可是她却说："我真的没有什么可羡慕的，为了结婚我辞去了原来在学校做了六年的老师的工作。结婚四年来，生了孩子后就一直在家带孩子，根本不能出去工作。你们都看着我吃穿不愁，还有个可爱的儿子，可是吃的不是我自己挣来的，还得拿老公的钱去买，房子是婆婆的，将来要留给我儿子，不会给我老公，车子是我老公的，也不是我的，觉得在这个家里很没有地位……这根本不是我想要的生活……"

人人羡慕的阔太太生活却并不是主人公真正想要的生活，过得好与不好并不是别人给的评判，只有自己内心知道。只有自己觉得过得好了，遇到的困难和委屈才会坦然承担，只有自己选择了才会心甘情愿。

希望你不只是看起来过得很好，而是真真正正过得很好。不要活在别人的议论中，遵从自己的内心，去做自己想做的事，去爱自己该爱的人。因为生活是为自己而活，你不能只是看起来过得很好。

有趣,是女人最高级的魅力

> 一个有趣的人是一个有魅力的人,能把生活看得明白,让生活充满欢笑。

有趣是一个人的精气神儿,有趣的人都热爱生活。我朋友萝箩就是一个有趣的妞,有她的地方就觉得人生随时可以重来。她养狗,也纹身;坚持跑步,也学外语。恋爱,也失恋。找朋友排解低落伤感,也可以一个人默默工作到天亮。在她的身上,你看得到阳光奔放,也生出怜惜和爱慕之心。可以一起安安静静地做吃货,享受美食,也可以促膝聊天,从童年到长大以后,从看过的书和电影到身边人的故事,从不觉得人生乏味和虚度。

有趣跟有多少钱并无太大关系。有趣的女人会让餐桌很美丽,也做得出合时宜的下午茶。与爱人一起,就可以留得住细水长流的时光。而无趣的女人,可能多买了几个包，打了数不清的玻尿酸，依旧没有因为颜值巅峰而让人的目光有想多停留半秒的冲动。因为关于有趣更丰富的内涵，来自灵魂本身，而灵魂的香气来自生活和学习的给养。

有趣，是对一个人最高的评价。如果说一个女人很有趣，那她一定很有魅力。

有趣是幽默，贾玲就很有趣。她在舞台上用自己的幽默博得大家的掌声。她解放天性、不顾女人形象的演出，给人带来惊喜和欢乐，也让她在喜剧界独树一帜。虽然她没有苗条的身材，没有精致的面容，但是她没有压力，用心创作让观众大笑的作品，她嘴角的酒窝、眼里的笑都让人感觉亲切。贾玲身上的魅力就是有趣，是潜心创作以观众为主的责任，也是真诚和努力的体现。

有趣是情商高，可以用智慧化解尴尬。黄渤的长相经常被"吐槽"，虽然"丑"是"丑"了点，但他却是很多姑娘的男神，就连女神林志玲在黄渤面前都变身迷妹。
在金马奖颁奖典礼上，郑裕玲吐槽说黄渤发型是大风刮的，而黄渤巧妙地回答说这是我心情的一种外化表现。接着郑裕玲又说黄渤穿着睡衣就来了,黄渤笑笑说:"你不在这五年,我已经把金马奖变得像自己家一样,回到家里穿什么,对不对?"其实当年金马颁奖典礼黄渤另一个身份是金马奖的评委。他用自己的"有趣"巧妙地化解了尴尬,让自己和身边的人都感到舒服。

一辈子很长,找个有趣的人在一起是人生的一大幸事。杨绛先生写过这样一段话:我们在牛津时,他午睡,我临帖,可是一个人写字困上来,便睡着了。他醒来见我睡了,就饱蘸浓墨想给我画个花脸,可是他刚落笔我就醒了。他没想到我的脸皮比宣纸还吃墨,洗净墨痕,脸皮像纸一样快洗破了。以后他不再恶作剧,只给我画了一幅肖像,上面再添上眼镜和胡子,聊以过瘾。回国后暑假回上海,大热天女儿熟睡(女儿还是娃娃呢),他在她肚子画一个大花脸,挨他母亲一顿训斥,他不敢再画了。字里行间把钱锺书的有趣描绘得淋漓尽致,这样一个有趣的家庭肯定是充满欢乐的。

而杨绛先生也是一个有趣的人,她认真观察生活,对生活中的点滴都充满了好奇心,才会用自己的眼睛和笔记录下生活中点点滴滴的美好。

有趣来自通透，把生活看得明白，用智慧经营人生。梁文道曾说："读一些无用的书，做一些无用的事，花一些无用的时间，都是为了在一切已知之外，保留一个超越自己的机会，人生中一些很了不起的变化，就是来自这种时刻。"所以除了工作和生活，可以做一些"无用之事"，饱读诗书，关注当下文化潮流，培养对时代的敏感性，那你便可以生出好奇心。

保持青春，保持激情，保持对未来的好奇心，我们就能搭上通往未来的那趟列车。愿我们都能独立美好，智慧有趣。用好奇心驱动学习力，不虚度此生。

别让生活消磨了你的精致

精致是一种生活态度,即使生活艰难,也要不忘初心。

岁月会给我们留下难以磨灭的痕迹,尤其是对一个女人。女人过了三十岁,漂亮就像是握在手里的沙,攥得越紧从指缝中流失得越快。但是有了时间的沉积,便有了底蕴和魅力,从内而外散发出来的成熟气息,是小女孩儿绢花似的漂亮所不及的。既然拴不住漂亮,那就让自己保持住精致。

十一长假期间,在参加同学聚会的时候遇到了大学的班花,一开始我根本没有认出眼前这个女人:一头亚麻色的"方便面",不低头都很明显的双下巴,小肚腩遮都遮不住,原来的纤纤玉手如今粗得像胡萝卜……我想都没敢想这就是当年被我们班男生捧着的班花。

一番寒暄之后,我还是很难想象当年长发飘飘的窈窕淑女是如何变得这般膀大腰圆。我惊讶地看着她。班花看出了我的疑惑,叹口气说:"还记得我跟你提起过的小福吗,就是我大学时候聊的那个网友,他现在是我丈夫,有钱又爱我,所以我现在是一个不用做饭也不用做家务的全职太太,唯一任务就是照顾一岁多的儿子。"

"那你很幸福啊,老公对你那么好。"我插嘴道。

"可是,你看我这几年,相信你都快不认识我了吧……"没错,我不禁想起当年的她妆容精致,身材苗条,羡煞了我们班所有女生。"当家庭主妇的这几年,在家时觉得不需要化妆,后来习惯了,出门都懒得化妆了,我倚仗他的爱不再保持身材,想吃什么就吃什么,也懒得去护肤美容,一心扑在孩子身上,都怪我太放纵了,所以才变成了今天这个样子……我一直以为他对我是真爱,不会嫌弃我,可是上个星期他为这件事情单独跟我谈话,希望我去减肥。然后我才突然明白,女人真不应该放纵自己,即使已经有了归宿。永远都不要被生活消磨掉你的精致,一定要让生活把你越变越好。所以我现在每天都抽时间去健身。"说完,她攥着拳头,一副视死如归的样子。

我很庆幸班花遇到了一个开明的并且爱她的老公，没有因为原来那个精致的她变得丑陋而放弃她。我也庆幸班花是个有悟性的人，她很快觉悟并积极改变自己的状态。

我们羡慕电视上那些美女明星们的优越条件，她们有钱又有时间来保养自己，即使四十岁还如少女一样的大有人在，有的人会说：要是我有那么好的条件的话也可以童颜永驻，精致如初。其实，岁月对每个人的打磨都是公平的，只是看你拿什么样的态度来对待它而已。

精致不仅是穿着打扮，一个活得精致的女人从头到脚都体现着优雅的韵味。

我现在住在一个私家公寓里，房东是一位六十多岁的老太太，我背地里一直称她为有着丰富阅历的"香夫人"。

"香夫人"的一生并不是特别顺利，未出嫁之前是富商家的小姐，嫁了个帅气的老公。可是后来老公离家出走，再也没回家，留下她一个人拉扯一儿一女长大。尽管娘家偶尔会给予一些帮助，但日子总得自己过。

"香夫人"为了把孩子养大，在家做过手工编织，去给花店里插过花，还在裁缝店里做过裁缝，但她即使在最艰难的日子里也不会去餐馆洗盘子，倒不是因为她瞧不起那份工作，她只是觉得生活即使再艰难，也不能把自己压迫到难以喘息。她依然保持着原来的生活习惯，每天早晨五点起床，浇花、散步、化妆、给孩子们做早餐，目送孩子们上学后收拾家务，然后开始工作，每天晚上陪孩子们学习，帮孩子们洗漱，送孩子们上床睡觉，然后认真卸妆，十一点之前准时入睡。直到现在，"香夫人"虽然退休了，还是像以前一样生活，岁月的痕迹留在她脸上的是淡淡，她依然貌美如花。"香夫人"的卧室里摆着她手工编织的物件，客厅里是她自己搭配的插花，她现在的衣服都是自己剪裁制作的，而且总是能赶上时尚的脚步。她还自己组织了一个免费的插花培训班。

我很佩服"香夫人"的生活态度，记得以前"香夫人"一见到我准会挖苦一番，因为我从来都不化妆，而且最爱的是运动鞋。我只要一从老太太家窗户路过，就会听到一个尖尖的声音："你一个小姑娘家的，怎么能这么随便呢，连妆都不化就出门。女孩子就要有女孩子的样子嘛，看看你这一身衣服，唉……"每次她到我屋里，看着到处堆着的书，就一脸的嫌弃："这是女孩子住的地方吗，怎么乱成这样，连花都没有……"

很多次伴着老太太的叹息声离开家门，慢慢地就被老太太感染了，每次出门之前也先稍稍花一点儿时间化妆，偶尔穿一穿高跟鞋，屋子也整理得干净整洁，偶尔买两束鲜花，让自己也感受一下生活的美好。

"香夫人"是个懂得生活的女人，面对生活的不尽人意时，她微笑着接受并用最有条理的方式和最积极的生活态度让自己依然保持神采奕奕。当你不放弃追求美好的权利时，才可能享受美好带来的福利。

我们无法估量生命的长短，但可以决定选择过怎样的人生，抱怨不会使糟糕的生活有任何起色，自暴自弃也不会被谁怜惜。谁会想得到一个消极沉沦的自己，然后行尸走肉般地过着没有颜色的生活，最后在岁月的磨砺下变成一个疲于奔命但又苍白无力的样子。

精致是一种生活态度，即使生活艰难，也要不忘初心。保持你精致的样子，不要让生活把你变得不再美好。

你的气质里藏着曾走过的路，读过的书

> 读过很多书，走过很多路，遇见很多人，慢慢地解放和包容自己后，最终才会看到真实的自己。

人们大都喜欢漂亮的人，可是一个人的魅力通常不在他的外貌，而在他的气质。

经历多了，看到一个人很容易判断出这个人的职业、性格甚至家庭是否幸福，不是你有多智慧，也不是他有多高调，而是时间已经把你的经历糅进了你的气质里。

三毛说："读书多了，容颜自然改变。许多时候，自己可能以为许多看过的书籍都成过眼烟云，不复记忆，其实它们仍是潜在的，在气质里、在谈吐上、在胸襟上，当然也可能显露在生活和文字中。"你所走过的路，所经历的事都会沉淀在你的气质中。

我很喜欢三毛，她是个敢想敢做，奔放洒脱的女子。她这样的气质是因为她的身体与思想和经历的融合。

虽然三毛在初中时期数学经常考零分，以至于最后不得已休学。但是她并没有放弃读书。经历可以促进人们的成长，坎坷的经历和丰富的阅历使她形成了独具特色的气质，她就像一颗流星，宁肯粉身碎骨也要划破大气擦出耀眼的光芒。

三毛曾说过，生命不在于长短，而在于是否痛快地活过。三毛这样说，也是这样做的。她的一意孤行，她的多愁善感，她的细腻敏感，她所有的独特是她异于常人的标志，任何一个人都不能复制。

都说一个人的面相可以看出这个人是好人还是坏人、是精明还是愚钝。而这恰恰说明一个人气质是他的经历、信仰等很多方面共同造成的。

不同的经历孕育出不同的气质，就像是漫天的繁星，虽然都闪耀着光芒但是各有各的独特形状和颜色。

> 优雅是一种气质，
> 是资历和岁月的沉淀，
> 是对世事的从容和云淡风轻。

喜欢杨澜的智慧和她身上独有的优雅和知性。

她深知自己的优势和劣势，在还有工作的时候就给自己的人生规划好了另一条出路。她走上了出国留学的道路，一直都在努力地汲取着养分。从此改变了自己一生的命运。

她获得多项国内外企业和传媒方面的荣誉，除此之外她还身兼数职，被聘为哥伦比亚大学国际顾问委员会委员。她做过很多节目，当过主持人，创办阳光卫视。她还积极投身慈善公益事业，用自己的力量帮助更多需要帮助的人。

她似乎永远闪烁着耀眼的星光，从未暗淡。

丰富的人生经历和不断的努力学习让杨澜成为了一个有思想、有魅力、有气质的女人。

有的人站在人生的制高点闪耀着光芒，让人可望而不可即。有的人波澜不惊却载起了无数的船只运向远方。如果说杨澜是前者，那么杨绛则是后者。

杨绛被钱锺书称为："最贤的妻，最才的女"。能够称得上"最"的人绝对不简单，而杨绛女士则占据了两个。多么含蓄而又张扬的称赞啊。这位可敬可爱的女性用心地将自己所读过的书，走过的路装进灵魂的行囊，写进自己的文字中。她的平淡中带着韵味，平凡中含着卓越。

名人之所以成为名人，或许总是带着或多或少的幸运。身为平凡之人，也可以拥有自己的迷人气质。

每次我去楼下的咖啡馆喝咖啡都能遇到一个很特别的老太太。她总是坐在窗边，带着老花镜，手里捧着一本书。我被她温婉淡雅的气质吸引，从我的角度看过去她就像一幅画，于是特别想同她聊聊。

老人家已经过了古稀之年，身体仍然硬朗，红光满面。我问她为何每天都来这里看书。她说书的香气能让她清醒。我从来没听人说过书有这样的作用，对老太太愈加好奇。

原来这位老人经历过生活最困难的时期，中年丧夫，吃不饱饭，穿不暖衣，她还曾带着孩子们讨过饭……后来孩子们长大成人，生活条件好了，可是自己也快六十岁了。她跟孩子们说，趁着身体还好自己要走出去看看世界，谁都不要跟着。于是她每年独自一人背起行囊，去了很多没去过的地方。再后来，她老得走不动了，又不想让孩子们陪着去满世界转，于是就每天来咖啡馆看书。

老太太说，旅途中曾遇到过形形色色的人。她用自己的人生经验帮助别人，又用从别人那里学到的东西帮助再遇到的人。她曾遇到情侣吵架，并告诉他们要珍惜在一起的时光，不要等没机会争吵的时候而后悔。她看到拿着相机的人拍着美丽的山水和可爱的人们，她学会了留住生活中的美好……她在咖啡馆也遇到了各种各样的人，观察他们进咖啡馆的时间、他们的衣着、谈吐，几乎可以判断他们的职业。

我发现，她是一个很会思考的老人，她今天这种难得的优雅、睿智、温婉和淡然的气质是她把自己的所见、所闻、所感糅在了一起才得到的。

伏尔泰说过，书读得越多，你就会觉得你知道得越多；而当你既读很多书又思考很多的时候，你就会越清楚地看到，你知道得还很少。我想走路跟读书很像，走过很多路，遇到很多人，然后思考很多事，你就会懂得很多道理。

女人三十岁之前的相貌是父母给的，三十岁之后是自己给的，因为你的气质会给你的相貌加分。所以从现在开始，认真经营自己的人生，去读书，去旅游，去发现更好的自己。

聪明的女人懂得优雅老去

既然我们难敌岁月的蹂躏,不得不慢慢变老,那就让自己优雅地老去。

优雅是一种气质,是资历和岁月的沉淀,是对世事的从容和云淡风轻。人老去很容易,但是优雅很难。

前几天母亲突然跟我视频,说自己买了件旗袍,要让我看看美不美。我很吃惊,老妈年轻时都没怎么捯饬自己,我给她买裙子她都不穿,竟然突然开始穿旗袍了。

屏幕里妈妈穿着蓝白色青花瓷的旗袍,头发高高地盘成一个发髻。

"闺女,你老妈我是不是还挺有魅力的。"老妈满意地看着自己的旗袍。说实在的,穿上旗袍的老妈确实很不一样,一种温婉的气质散发出来。

做个刚刚好的女人

"我们舞蹈队来了一个特别漂亮的老师,她都六十岁了,但看着一点儿也不像六十岁的人。她说穿旗袍能显现出女人的气质……"

老妈描述的那位老师让我突然想起了大学时候的健美操老师,那时的她是我们班所有女生的女神。虽然四十多岁了,但身材像二十几岁的女孩子,她的脸上根本没有岁月的痕迹。她时常跟我们说,女孩子要从年轻的时候开始培养自己的气质,等到老了才能依然优雅。

她告诉我们要好好锻炼身体,健美操和瑜伽都可以很好地塑形;要坚持做仰卧起坐,这样以后生完孩子身材才好恢复;要多读书,提高内在修养;养小动物,培养爱心和耐心,实在觉得太麻烦那就养花养草……

那时觉得离老还很远,可是现在才明白一个优雅的女人不是一朝一夕练成的,而是需要从年轻时就开始培养。

一次去杭州的火车上,遇到一位年过花甲的老太太,她一头银白色的短发烫成纹理,带着一个金框眼镜,穿一条深色的连衣裙,黑色的高跟小皮鞋,肩膀上披着大红色的披肩,还化着淡淡的妆。她身上有一种难以抵御的魅力,给人的感觉很不寻常。初见时我还以为是哪个名人呢。

她发现我一直偷偷看她，就很大方地同我说话。

与老太太聊天特别愉快，她有丰厚的文化底蕴，有时像一个刻板的老教师，严谨起来一丝不苟，有时又像一个小孩子，调皮起来活泼可爱。她一直坐得笔直，大笑时用手掩面。跟这样一位从内到外都散发着优雅气质的老太太谈天说地，根本感觉不到年龄的差距。

这位老太太让我想起了法国著名作家杜拉斯，她曾写过这样的话：我已经老了，有一天，在一处公共场所的大厅里，有一个男生向我走来。他对我说："我认识你，永远记得你。那时候，你还很年轻，人人都说你美，此刻，我是特为来告诉你，对我来说，我觉得此刻你比年轻的时候更美，那时你是年轻女生，与你那时的面貌相比，我更爱你此刻备受摧残的面容。"

即便风烛残年，但是，身上散发出来的优雅依旧让年轻的小伙子倾心，这就是一种难得的魅力。

临分别时，老太太送给我她画的一幅画，那是退休后画得最满意的一张。真没想到她会画得那么好，画上的薰衣草栩栩如生，仿佛飘出了花香。

做了一生优雅孔雀的杨丽萍虽然五十多岁了,但是一身靛蓝民族服,扎着长长的马尾,那曼妙的身材依然尽显成熟的风韵与魅力,完全没有岁月刻画的伤痕。

当我第一眼看到著名钢琴家吴乐懿八十岁的玉照时,我根本不敢相信照片上端庄优雅,美丽婀娜的女人有八十岁,她依然那么魅力四射。

因为她们的美丽,蕴藏在生命的呼吸里,荡漾在形体的气质中,任光阴肆虐,也无法夺去。

林语堂说过:"优雅地老去,也不失为一种美感。"

既然我们难敌岁月的蹂躏,我们不得不慢慢变老,那就让自己优雅地老去。真正的美是由内而外的,是气质美。女人无法改变日渐衰老的面容,但我们可以卸下一身负累,让自己活得轻松,可以拥有心理上的年轻,可以使自己变得自然大方,可以做一个自信大度、聪明睿智的人。

都说漂亮女人像宝石,智慧女人像宝藏。女人因为有气质才会风情万种。

聪明的女人在年轻的时候就开始注重塑造自己的气质和内涵,用知识武装头脑,读一些名人传记、杂文、散文，研究一些养生学、心理学、美学、哲学，让自己举手投足之间尽量优雅；锻炼身体，让自己远离病痛；塑造形体，让自己体形优美。

等到四十岁的时候，虽然年轻时的容颜不在，但岁月沉淀下来的优雅足以让身边的男人仔细品味，那种由内而外散发出来的魅力足以让身边的人折服。这样的女人懂得怎样优雅地老去。

Part 4

越自律的人生越自由

不放纵，不压抑

你这么不自律，
还想有多自由

> 一个连自己的生活都管理不好的人，也不会管理好自己的人生；一个不懂得自律的人，也不会得到很多的自由。

自由并非随心所欲，自由来自于自信，自信来自于自律，只有先学会克制自己，才能磨炼出自信，才能获得更多的自由。

听过一则关于马和骑师的故事。骑师训练了一匹好马，他认为给这样的马加上缰绳是多余的。有一天，他骑马出去时，就把马的缰绳解掉了。马在原野上越跑越快，当它知道没有缰绳的束缚的时候，就越来越胆大，它一路狂奔，把骑师甩下了马，它还是往前冲，什么也不看，连方向也分辨不出来了，最后它冲下了山谷摔得粉身碎骨。

失去自律的人就像脱缰的野马，面临的是万劫不复的深渊。

懂得自律的人更容易获得成功。

年轻时的乔布斯，每天凌晨四点起床，九点前就干完一天的活儿。乔帮主说：自由从何而来？从自信来，而自信则是从自律来。自律是对自我的控制，自信是对事情的控制。先学会克制自己，用严格的日程表控制生活，才能在这种自律中不断磨炼出自信，同时得到自由。

前华人首富李嘉诚以勤奋自律著称。他不论几点睡觉，总在清晨五点五十九分起床、读新闻，打一个半小时的高尔夫，然后去办公室，数十年如一日。

我很喜欢的作家村上春树也是个十分自律的人，曾经因为戒烟而体重增加，为了减肥，他开始了跑步。从那以后几乎每天都跑上十公里，没有中断过。跑步不仅让他拥有了强健的体魄，还给他的写作带来了灵感。他说：我写小说，很多都是从每天晨跑路上所学到的。村上认为小说家除了要有才华，最重要的就是专注力和持续力，而这两种资质都是可借后天的训练来提升的。

你可能要说，我很忙，哪有时间每天跑步，根本不可行啊。我只想说，那是你的懒惰，自律的人绝不会因为忙就中断想做的事情。如果因为忙就抛开不管，那你一辈子都无法做到。

"中国作家富豪榜网络作家之王"得主唐家三少坚持每天写六千字的文章，在他三十岁生日那天，即使发烧到四十摄氏度，晚上烧退了他还是坚持写完六千字。从2004年至今十二年中，每一天从早晨九点开始写作，从来没停过，正是他的天赋加上严格的自律意识才使他持续多年保持在"中国作家富豪榜"上。

一个能管得住嘴、迈得开腿，坚持每天早起、锻炼、写作的人，必然有着强大的意志力和行动力。很多时候，我们只看到他们的成功，却不知道这些成功都是他们靠着自己的坚持和自律才得到的。

大学毕业后，工作了一年的悠悠觉得自己的能力急需提高，哪怕考几个资格证也好。经过多方资料的查询，她确定了自己第一个要考的是营养师证，然后买了相关的学习资料并制订了每天的学习计划，包括工作日和休息日两套方案。看样子悠悠是下定了决心，为了不打扰她学习，我们商定集体活动尽量不叫她。

然而才到第二周悠悠就打电话约我去吃饭。见到她后我问她，学习情况如何了，她叹口气说，自己根本就没看几页书，一看书就打瞌睡，所以才约我出来吃饭。吃完饭后，我本想催促她赶紧回去看书，她却说，出都出来了，还是逛会儿再回去吧，然后回去的时候都晚上十点钟了……

悠悠考试没通过，她根本管不住自己，所以还是处在公司的最底层。一个人如果做不到自律，就只能被生活束缚，难得自由。

国庆节期间跟小侄女相处的几天里，让我看到了一个自律的孩子是什么样子的。

尽管在假期，小侄女还是五点半起床，跑步半小时，然后开始学习，八点之前，每天的学习任务就都完成了。自从小侄女开始懂事，表姐就训练她的自律意识，现在她特别能管得住自己，在没完成任务之前，即使再想出去玩，她也会强压住心中的念头。

想到自己每天挂在嘴边的"减肥"二字渐渐变成一个笑话，只要有美食就绝对管不住自己的嘴；说好的健身也被暖暖的床、永远追不完的电视剧和难以割舍的薯片代替；早就订下了早睡早起的大计划，结果玩着手机一不小心过了十二点，早上闹钟不响五遍不可能起得了床，到了假期更是变本加厉；一吃辣椒就满脸长痘，嗓子都哑得说不出话来，还是管不住自己的嘴巴，每次吃完后就开始后悔……我暗暗历数自己的罪行，自己的自律能力竟然连一个六岁的小孩都不如，内心倍感惭愧。

后来慢慢发现，自律能解决很多问题。自律可以克制你对欲望的放纵，可以让你的生活变得更好。自律能让你戒瘾，能根除拖沓、无规律、无知的毛病。在自律可以解决的问题范围内，它是无敌的方法。

我尝试着改变，发现自律的人真的比其他人更自由。你慢慢尝试控制自己，生活变规律了，时间的利用率高了，你反而有更多做其他事情的时间了。

其实就像训练肌肉就要锻炼肌肉一样，自律也是需要锻炼的。你可以在能承受范围之内的极限边缘，每一次增加一点儿，慢慢地就会越来越强大。

不想发胖，就要控制自己想要吃垃圾食品的冲动；

想拥有健美的身材就得努力在健身房挥汗如雨;想改变不满的工作现状,就要努力提升自己的能力……

自律的代价总是要比后悔的代价低的。只要你能承受那个代价,你可以不自律。

其实自律并没有多可怕,只是在你抗拒某件事情的时候咬着牙逼自己去做好而已。

没有绝对的自由,良好的自控能力才会让你变得更自由。

不做太懂事的女人

女人懂事不是处处委曲求全，贤惠不是处处忍让卑微。

有一种姑娘，不物质，不拜金，贤惠，懂事，对男人毫无所求，总是在做自我牺牲。她们以为这样的懂事就可以换来男人的感恩和珍惜，可是现实并非如此。

与我一同长大的兰兰是个懂事的女孩儿，从小就是。

她是家里的老大，从小就被家里人告知，"做姐姐的，一定要听话，好好照顾弟弟、妹妹。"她谨记这句话，做了一个好姐姐。好吃的让给弟弟、妹妹，好玩的也给他们去玩，邻居都夸她是个懂事的孩子。虽然兰兰心里也很想吃好吃的、玩好玩的，可那是自己的弟弟、妹妹，必须让着他们。

后来兰兰考上了大学,正赶上母亲下岗,弟弟上高中,而妹妹还在上初中,为了减轻父母的负担,她主动退学。她没想过要为自己争取,就这样与大学擦肩而过。

兰兰长大了,遇到了一个自己喜欢的人,她对男友温柔体贴,为男友做饭、洗衣服,把他伺候的跟少爷似的。自己有什么困难都是自己扛,她确实是一个相当独立坚强的女性,自己拧瓶盖、自己换灯泡、自己搬箱子……能自己做的事情绝对不会找男友帮忙。

兰兰认为,女人要贤惠,不能给男人添太多麻烦。所以她尽量多付出,甚至每次吃饭都会抢着买单。

一年后,他们的婚事提上了日程。春节前夕,兰兰带着男友去见父母。兰兰的父母都是通情达理的人,他们听说男方家庭条件一般,也没有提彩礼的事情,还一直告诫兰兰,嫁到婆家要懂事,要贤惠。

男友带兰兰去见家长,两位老人的态度还算热情,但是却说,家里不会帮他们出钱买婚房,主要还是靠两个年轻人努力。

从小被教育要懂事的兰兰虽然有些不情愿,但觉得自己不能提无理的要求,要懂得体谅男友。于是连婚礼都没有的兰兰就真的和男友裸婚了。

我曾提醒她:"你可要想好了,裸婚的话,你会面临很多困难。结婚以后住哪?这只是最基本的问题,你这样处处'懂事',别到时候被欺负。"

她不以为然地说:"没什么,总会有地方住的。"

事情并没有像兰兰想的那样。婚后,他们小两口和两位老人挤在六十多平米的房子里。她不仅要照顾丈夫,还要照顾公婆。除了上班还要洗衣做饭,收拾家务,而且这一切都被看作理所当然,若她哪天有事没有做饭还会被数落一番。更让兰兰伤心的是,她这样兢兢业业、毫无怨言竟然听到婆婆这样说自己:"一个没花钱娶来的媳妇就是不咋地,肯定是不好出嫁的,说她一两句还哭上了,她就是看上我儿子的一表人才,我儿子这样的才不愁娶不到媳妇呢。"

兰兰很懂事,但是过得并不幸福。

太懂事的乖乖女们都不知道自己想要什么,只一味迁就对方,满足别人,从不为自己争取利益。

我妈曾经跟我说,女人要懂事,但不能太懂事。

以前我奶奶还在的时候,我妈一日三餐都会做好了给奶奶端过去，后来有一次，我妈发烧，没有做饭，奶奶就各种数落我妈。我妈特别生气，奶奶身体很好可以自己做饭，于是后来我妈再也不天天送饭了，只是偶尔做点不同的才给拿过去，没想到这些偶尔却让奶奶高兴的不得了，直夸我妈孝顺，懂得惦记人。

一个要结婚的好朋友买婚纱的时候，一点也不含糊，她挑的那件婚纱真的很美，但也很贵。我说她太不懂事，婚纱就穿一次，这样也太浪费。朋友却不同意，一生就结一次婚，才不要为了省钱委屈自己。

她未婚夫看到穿着美丽婚纱的她，激动地说不出话来，全然没有因为她的浪费说一句扫兴的话。

并不是女人就一定要不懂事才会幸福。

太懂事的女人受伤会比较多。

她们会委屈着自己去做自己不乐意做的事情来讨好别人。她们总是把自己放在最后，说自己没关系、自己可以，时间久了别人就会觉得她们真的没关系，自然就认为她们根本不需要哄，不需要关心。

其实，你完全可以不用这么累。你可以适时向你的男人提出要求，请他照顾一下孩子，帮忙做家务，给自己一天或半天时间，去逛街购物、静下心来看一本好书，或是和好友来一次聚会。

太懂事的女人总是很委屈。

她们总是妥协、谦让、礼貌待人，别人会觉得她们本应该这样，偶尔发个脾气、任个性、说个"不"字，就会被人说成玻璃心、脆弱。但若平常就是个任性的姑娘，那境况可就大相径庭了，偶尔懂个事，还能被七大姑八大姨夸起来没完呢。

可是姑娘们，懂事可不是处处委曲求全，你要用恰当的方式懂事。

女人不一定要拜金，但是也不要一味压抑自己，应该适时让别人知道自己的需求。

你可以告诉你的老公或男友，我很喜欢什么，目前没有也无所谓，现在这个也很好。这样既让对方知道了你想要的，又表现了你的体贴，既照顾到了对方的感受，又不会伤害到对方的自尊。

女人可以懂事，但千万别做一个满足了别人，却作茧自缚，委屈了自己的"懂事的女人"。

时刻记得宠爱自己

女人,至少要留三分之一的心思来爱自己。

有一句话说得好,"爱你爱的人如同爱你自己。"如果你都不爱自己,又怎么去爱别人呢?

以前的我会尽量对别人好,却常常忘记也要对自己好点。

工作的第一年,一个人在举目无亲的城市里,孤独无依。那时候想着一定要挣钱,要让父母花上自己挣的钱。于是拼命工作,加班,省吃俭用。

像所有漂泊在外的游子一样,每次给母亲打电话,都是报喜不报忧,即使生活中再多烦恼、工作再不顺利也是把委屈和眼泪留给深夜的自己。生活总是会有艰辛的时候，那时候只知道自己默默承受。

工资不多，只能开源节流。舍不得给自己买超过两百元的衣服，身上穿的很多衣服还是大学时候的；舍不得给自己买贵的化妆品；吃饭也会挑便宜的地方，偶尔吃个肯德基就觉得是大大改善生活了；想要报培训班，却因为花钱太多，最后决定买来书自己学习，可是很多内容看书很难懂，浪费了大量的时间和精力……

非常羡慕别人穿漂亮衣服，吃美味大餐，明明自己可以满足自己，却偏控制着自己的欲望。有时觉得自己实在太委屈，同样是刚刚工作，有的人可以在对父母好的同时偶尔也对自己好一下，只是那时受到母亲的影响，总是觉得应该把自己放在最后。

有一次见到一个大学同学，第一句话竟然是："这都毕业了，你咋还穿得跟学生似的。"以至于每次跟那位同学见完面都会有种无地自容的感觉：我听不懂她说包包的牌子、衣服的牌子，甚至喝咖啡要去星巴克也是头一回听说。我完全像个外星人，听她介绍各种品牌和我都没见过的睫毛膏、眼线笔、粉底，我更加觉得需要找个地缝钻进去。

后来闺蜜来找我玩，终于忍不了我一成不变的造型了，她拉着我买了衣服，做了头发，吃了大餐……

正当我的心在为花掉了自己一个月的工资而滴血的时候，闺蜜说道："又没有穷到没饭吃，却这么委屈着自己、将就着生活。在一个刚刚好的年纪里却不懂得宠爱自己，舍不得投资自己，等到你老了，那些想穿的想戴的想吃的恐怕都穿不下戴不上吃不动了，那时再追悔莫及已经太晚了。钱不是省来的，是挣来的。"

我头一次听说要宠爱自己，也才明白我既可以在爱着我该爱的人的同时也爱自己。

梁晓声在一篇文章里曾说过这样的话：女人用三分之一的心思去爱一个男人，就不算负情于男人了；用另外三分之一的心思，去爱世界和生活本身；再用那剩下的三分之一心思来爱自己。人生苦短，女人的青春又是那么短暂，总该留给自己些时间、金钱和精力去宠爱自己。

我想起一个高中同学，我想原来的那个我很有可能会成为她的样子。

她从大学毕业开始，为了和男朋友一起省钱攒下房子的首付，舍不得再给自己买一件商场橱窗里的连衣裙；为了省下打车的钱，每天宁愿多走两站路去挤满满都是人的地铁；总是用各种理由推掉聚会，省下钱来只为了银行卡上的数字可以再多一点点。

最终他们买了房子，结了婚，她又开始将以前的生活模式循环播放，只是为了每个月可以有惊无险地还上月供、攒下钱寄回家里。她放弃了很多社交和主动自我提升的机会，只为了省下几张屈指可数的人民币。她就这样委屈着自己，年复一年……

都说人的本性是自私的，可是对于很多女人来讲，也许是因为传统观念的遗留，她们总是先照顾好家人才会考虑自己。像我的母亲，几十年，从来都是过年的新衣服先给我们买，有好吃的先给我们吃，她自己总是舍不得为自己花钱。

我感激母亲无私的爱，但也心疼她偶尔的委屈。

我觉得一个女人还是不要太无私的好。你可以爱家人，也可以为他们付出很多，但是不管怎样，即使在艰难的岁月里也要记得你还要爱自己。

偶尔在自己能力可以承受的范围内，去为自己做个美容，去买自己想穿的衣服，规划一次向往已久的旅

做个刚刚好的女人

行，做一切想做的事情，在自己辛苦工作后给自己一个大大的奖励，让自己忙碌却麻痹的神经得到缓释。

只有宠爱自己才是这个世界唯一真正重要的事。

活成自己喜欢的样子

> 我们从不欠任何人，只是欠自己一个想要活成的模样。

坐在阳台上，听着轻柔的音乐，手里捧着一本杜拉斯的《物质生活》，手边放着一杯咖啡，慵懒地靠在椅子上读着书，喝着咖啡……这是我认为最惬意的周末时光，安安静静地享受着自己的小确幸。

可是为了这个小确幸，就得拼命挣钱，好能住得起一个带大阳台的房子，要好好工作，以便不会占用周末的时间加班。虽然很辛苦但是依旧很开心，因为为着自己想要的生活而拼搏是一件幸福的事情。

可是我们不得不承认，人越长大越觉得时间过得飞快，在不知不觉中就被推向了自己原本以为很遥远的事情。比如工作、结婚、生孩子……被时间的洪流推着往前走,慢慢地就忘记了自己想要的生活。可是姑娘们,无论什么时候都要让自己清醒,不要忘了自己想要活成的样子。

身边有好些朋友已经早早当了爹妈,开始了柴米油盐酱醋茶的日子。有的人心甘情愿在结婚后退居幕后,做丈夫的贤内助,有的人依然为了自己想要的生活而不辞辛苦地努力。

我的学姐丹妮一直告诫我,女人一定要过自己想要的生活。她是外企的一个小领导,收入也不算低,那时的她上班的时候穿着职业装,化着淡淡的妆容,明眸皓齿,真的是大美女一枚,曾经还被合作公司的老板疯狂追求过。可是丹妮却偏偏钟情于她大学时的学长,学长只大丹妮一岁,收入情况刚刚赶上丹妮。虽然丹妮父母一直催着女儿找对象,但是当丹妮带男朋友见家长的时候,她的父母却坚决不同意。他们瞧不上学长,无论从家庭条件、收入状况还是相貌来说,他们更希望自己的女儿嫁给那个合作公司的老板。

可是丹妮清楚自己喜欢的人是谁,她没有屈服于父母的压迫，毅然决然地嫁给了学长。丹妮说，她觉得嫁给学长才会过上自己想要的生活。事实证明没有错，生活和工作中，丹妮的所有决定都会得到学长的支持。

后来丹妮怀孕，在休假的时间里她疯狂地学习，报班学习广告设计，自己还留出时间练习商务英语的口语。丹妮生完孩子，身形已经大不如以前，为了让自己身材恢复原来的样子，她开始健身。后来孩子终于上了幼儿园，她开始找工作。

她一点儿都没有因为在家的几年而与社会脱节，凭借她的能力很快就找到了不错的工作。当她踩着高跟鞋重回职场的那一刻，感觉自己又有了光芒。

丹妮是个有追求的女人，她知道自己想要变成什么样子，她肯为了自己喜欢的样子而努力，从不羡慕任何人的生活。丹妮一直跟我说：我认为活成自己想要的模样才是对自己最负责的表现。我不喜欢自己做的事情是迫于无奈的屈从，我想让自己走的每一步路、做的每一个选择都可以让自己过上想要的生活。

女人一定要活成自己喜欢的样子，一个按照自己喜欢的样子活着的女人才能像珍珠一样有光泽。

另外一位学姐阿香并没有丹妮那样的睿智,她的所有人生大事似乎都是被别人决定的。

二十六岁的时候,阿香的初恋男友觉得该结婚了,阿香就乖乖地跟他去领了证;二十八岁的时候,她老公和家里人都说该生孩子了,要不然岁数就太大了,她就又乖乖地生孩子;生完孩子后,阿香的老公让她辞职在家管孩子,她也乖乖听话,不再去上班……可是没多久,阿香丈夫的小公司倒闭了,小老板变成了大酒鬼,天天喝酒,也不去找工作,一家人的生活变得拮据不说,还充斥着各种打骂声。

阿香觉得天都塌了,没想到自己把生活过成了这个样子。她对我和丹妮哭诉丈夫的种种不好,可怜自己的命运不济,鼻涕眼泪一大把。看着眼前这个黄脸婆,丹妮和我目光对视,都难以相信这就是当年我们班的"四朵金花"之一。

丹妮是个心直口快之人:"跟这样的男人在一起那么痛苦的话,就离婚好了。"这句话像有魔法一样,阿香立马停止了哭声,看来她从来没想过离婚的问题。

"既然你现在的生活并不是你自己想要的,干吗还要苦着自己硬撑着走下去。记得当初你说过想做设计师,可是你现在连工作也没了,你还这么年轻就放弃了过自己喜欢的生活,难道不后悔吗?"丹妮继续说,"你也不用羡慕我的生活,我也许比你幸运,但是我是按照我喜欢的样子来活的。无论什么时候,我们都有权利选择自己想要的生活。"

我们拼命地努力,不是为了在别人的压迫下嫁给世俗传说的如意郎君,也不是为了生个孩子当上妈就算了。不管恋爱、婚姻、还是孩子,我们从不欠任何人,但是欠自己一个想要活成的模样。

不必羡慕他人手中的玫瑰,因为你也有一枚百合。过自己喜欢的生活才会让自己快乐。

做个见过世面的女人

> 一个见过世面的女人不是因为经历太多变得不食人间烟火,而是因为看到得太多而更加热爱生活。

路走多了,见过的人也多了,然后就会发现自己随时间而来的改变。

今年夏天小莲去了趟马尔代夫,然后这次的宿舍小聚她就成了主角。聚会一开始,她便滔滔不绝地讲述马尔代夫的海有多蓝,沙有多软,阳光有多好。我说,我去过秦皇岛,海也还蓝,沙也还软,不在雾霾天的话阳光也还好。小莲开始嘲笑我没见过世面,秦皇岛哪能跟马尔代夫比,人家可是有"失落的天堂"之称。我确实是没去过马尔代夫,只好静静地听着。

开始吃饭的时候,她说我们每次必喝的红酒太难喝，在国外喝到了更好的红酒就喝不了这种酒了；吃菜的时候，我夹起一只虾还没放到盘子里，她又说，这海鲜看着一点儿都不新鲜，肯定是冷冻的，还是在马尔代夫吃的珊瑚鱼味道鲜美……整个吃饭的过程中，无论我们说什么，做什么，她总能联系到马尔代夫，最后我们五个只是低头吃饭，只有她开启了喋喋不休模式，一遍一遍说着自己的"奇遇"，而去美国工作了一年的艾比却一句话也没说。

小莲自以为见过世面，滔滔不绝地讲述仅有的一点儿经历，无非是要博得大家的关注，就像一个村姑进了城看到了高楼大厦，然后回去跟可能没见过高楼大厦的人说什么是高楼大厦一样。她们只是害怕被遗忘，想要被关注而已。

我不认为出过国、吃过西餐、有名牌衣服和包包的女人就是见过世面，一个见过世面的女人应该是既吃得了红酒西餐，也吃得了路边麻辣烫；既住得了五星级酒店也

不必羡慕他人手中的玫瑰，▶
因为你也有一枚百合。

住得了帐篷睡袋；既能优雅地踩着高跟鞋，也能脚踏实地的穿着运动鞋；既有亲密的朋友，也有强劲的对手。

一个真正见过世面的女人，早已摘下虚荣的假面，变得成熟而真诚。她们不会害怕自己被遗忘，因为她们所经历的已经足够给自己安全感。

艾比是我佩服的女子之一，她是个见过世面并很有思想的人。

大学的时候，我们只是知道艾比是北京人，可是她的吃穿用度极其简朴，所以大家猜测她是北京郊区的农村穷孩子。但是她很早就知道自己以后的发展方向，每天都给自己额外规定好要学习的英语内容，毕业那会儿，她的口语已经到了我们听不懂的地步。

大学毕业前夕，艾比找到了一份外企的工作，请我们吃饭的时候我们才知道，原来艾比家很有钱，她的父亲经商，母亲是大学教授。可是她看中的不是外表是否华丽，而是内在是否高贵。

一个有思想的女人，一定是因为见识得多，想得也多才会有自己的想法。

艾比热爱旅游，她去过很多国家，很多地区，见过很多人。她旅游从不像有些为了旅游而旅游的游客那样买很多奢侈品和纪念品。她旅游仅仅是为了见识不一样的世界和不一样的人，体验不一样的感悟。

旅途中，她用相机记录下一切的美好和缺憾，欢笑和泪水。她总是热衷于帮助别人。她会帮忙劝一个想买很贵的包包的女人的老公甘心为妻子花钱，她也会帮买东西的大姐为了几百块钱讨价还价。她既懂得生活需要犒劳自己也懂得生活的艰辛。

后来，在旅途中艾比遇到了她现在的老公，一个与她一样有着宽大胸襟和开阔眼界并且热爱旅游的男人。

在人生的旅途中，有些人，只能陪你走一段路，因为眼界不同，最终会被不同的目标吸引。所以最终留下的是那些眼界一样，能够一同上路的人。

看多了广袤的山水，走过了很多的路，听过了感情丰富的故事，遇到了千奇百怪的人，然后更知道了自己想要什么，内心坚定地朝着自己的目标前进。不用羡慕那些穿戴得珠光宝气、拿着红酒杯在舞会上觥筹交错的女人们，因为内心充盈的女人才能直抵生活的本质。真正见过世面的女人，见天地、见众生、然后见自己。岁月会把你变成妇女，经历却让你成为富女。我们必须很努力，才会成为自己喜欢的人。

不做情绪的奴隶

  我们的不自由通常是因为被自己内心的不良情绪左右。

  《红楼梦》里的林黛玉,眉眼之间都是忧郁,年纪轻轻就疾病缠身,最后气郁而死;而俗话说,笑一笑十年少,可见人的情绪是会影响人的容颜和寿命的。

  瑜伽课上遇到了一位五十多岁的华侨姐姐桑迪女士,我不得不叫她姐姐,因为她看起来只有三十五岁。
  我们都很好奇,她的驻颜术是什么,她却神秘地只说了一个英文单词:"Happy"。她说,人的容颜跟心情有很大关系,我每天都让自己开心,绝不会做乱发脾气那种没有教养的蠢事,不仅我自己开心了,我身边的人也跟着快乐。

以前工作的时候，桑迪从来不会把工作中的负面情绪带回家里，她说：家是最温暖的地方，也是我们最应该全力守护的地方，而不是发泄负面情绪的场所。

所以要想容颜美丽，就要学会控制自己的情绪。一个会管理自己情绪的女人，生活更如意，容貌也会更美丽。

可是，现在生活节奏越来越快，人们变得越来越焦躁，很多人都不能控制自己的情绪。被情绪控制容易，所以能控制情绪才是一种本领。

早晨和室友一起上班，早高峰的地铁里人实在太多，车门打开，一大波人一下子涌进来，忽然听到室友"哎呦"一声，原来刚冲进来的一个男生，不小心踩到了室友新穿的鞋子，立马点燃了室友的小暴脾气。她开始指责那个男生，而那个男生道了歉却还被室友指着鼻子骂，便也开始破口大骂。整个车箱里都是他俩的对骂声。我赶紧扯着她的衣服叫她停下来，可是根本劝不住。

当怒火爆发的时候，谁还会管你是男是女，谁还会在乎什么绅士风度、淑女的样子，统统见鬼去吧！男人一点也没了男人的气概，淑女也变成了泼妇，骂人解了一时之气，但是被人骂的滋味也不好受；就算打架打赢了也会影响一天的心情，输了那就更惨，可能受伤不说，估计一天的班也上不成了。

就这样室友原本不错的心情化为乌有，一整天脸上都没有笑容。

看看吧，你不分场合地让自己释放情绪，什么好处都没得到，还变成了一张苦瓜脸。

我听过这样一个故事，有一个男孩，他很任性，常常对别人发脾气。一天他的父亲给了他一袋钉子，并告诉他："你每次发脾气时就钉一颗钉子在后院的围墙上。"

第一天，这个男孩发了37次脾气，所以他钉下了37颗钉子。慢慢地，男孩发现控制自己的脾气比钉下一颗钉子要容易些。所以，他每天发的脾气的次数就一点点地减少了。终于有一天，这个男孩能够控制自己的情绪，不再乱发脾气了。

然后父亲告诉他："从现在起，每次你忍住不发脾气的时候，就拔出一颗钉子。"过了许多天，男孩终于将所有的钉子都拔了出来。

父亲拉着他的手来到后院的围墙前，说："孩子，你做得很好。但是现在看看这布满小洞的围墙吧，它再也不可能回复到以前的样子了。你生气时说的伤害别人的话也会像钉子一样在别人心里留下伤口。不管你事后说了多少对不起，那些伤痕都会永远存在。"

我们在情绪失控的时候说过的话就像一把把利剑伤害着别人，也许在刚说完这些伤人的话之后，我们会轻松一些，可是这份伤害却是很难弥补的，就像那满墙的钉子扎出来的小洞。

要想做一个美丽而有教养的女人，那就先学会管理自己的情绪，没有哪一个面目狰狞的黄脸婆是会管理情绪的人，你对情绪的控制力表现在你的容颜上，还有你与人相处的模式中。拒绝做苦瓜脸，不做情绪的奴隶。做一个温暖而美丽的女人吧。

Part 5

没有界限，就没有尊重

不讨好，不回避

对待恶意,该撕就撕

一味退让只会无路可退,人总该有自己的底线。

生活中难免会遇到对你有敌意的人,但是面对敌意总该有自己的底线,一味退让只会无路可退。

我有个小师妹名叫小小,她温柔懂事,身上散发着小城姑娘的淳朴和善良。有一次参加书展竟然与她不期而遇。现在的她做事有条不紊,积极主动,很受同事们的欢迎。可是她过于软弱的性格招来了心怀恶意之人的欺辱。

保持刺猬取暖的恰到好处的距离,▶
才会带来最长久的陪伴。

记得那次书展,与小小同去的还有一男一女两个人。书展结束后,那个女同事找借口溜掉了,剩下的书还有宣传资料送回公司的任务就落在了那个男同事和小小身上。

第二天,我接到了小小的电话,电话那头却是哭泣的声音:"师姐,我该怎么办……"听到这惊慌失措的声音,我都吓住了,"小小,有什么事你慢慢说。"

她一边抽泣一边说:"不知道为什么,今天公司里到处都在传我和小杨有绯闻,小杨就是昨天跟我一起回公司的男同事,他也一再解释说我们俩是清白的,可他们却对我指手画脚,说我勾引有妇之夫……"

原来,小小和那个女同事在竞争同一个工作岗位,考核通不过的人极有可能被辞退,那个女同事觉得自己竞争力不如小小,才想出这样的方法,破坏小小在老板和同事心目中的好形象。我知道小小处理事情一贯遵循比较中庸的办法,很多时候为了避免事情扩大化,都会选择退让来息事宁人。但我觉得对于这种人,退让反而会让她得逞,绝不是好办法。

"小小,问你个问题,如果有一天,忽然有个陌生人闯入你的家里,对你大声谩骂和侮辱,那么你会怎么做?假装没听见?还是和这个不速之客对骂?我想要是我的话，我一定将他踢出去。总是有那么一种人，你越是忍让，他越是对你肆无忌惮。俗话说，以德报怨，何以报德！你说对吧！"

听了我的话，小小没有再选择忍让，她与那个女同事当面对质，后来得到了道歉，捍卫了自己的尊严，保护了自己的爱情，也得到了属于自己的工作。

没错，别人都跑到你家里来撒泼了，触犯了你的底线，你还要什么宽容、装什么圣母！这时候还不知道还手，那就别怪被人指着鼻子叫嚣了。

曾经有一个邻居，她的丈夫在因公外派的时候出轨了，原因听起来竟然还很高尚：丈夫和初恋再次相遇，旧情复燃，俩人都相信对方才是彼此的真爱。

于是，丈夫千方百计想要离婚，而邻居却因为爱着她的丈夫，又考虑到孩子还小，想通过委曲求全的方式去挽回自己的婚姻。她大老远跑到丈夫工作的城市，极尽所能降低自己的姿态去恳求他不要离开，可是换来的却是小三理直气壮的谩骂和丈夫的冷漠。

心软的邻居就这样输掉了婚姻，还受尽了侮辱，连分割财产都没有占到任何优势。邻居痛苦不堪，而出轨的丈夫却和初恋再婚，过起了新的生活。

都说婚姻需要包容和忍让，可是有时候，你永远搞不清楚闯进你生活中的贱人到底有没有底线。生活就是现实，现实中总是有这样的狗血剧情在上演：善良的人因为自己的善良软弱被欺辱，恶意之人因为自己的专横跋扈而快乐。就好像那句诗：卑鄙是卑鄙者的通行证，高尚是高尚者的墓志铭。

应该没有人会赞成邻居的软弱和退让。对待这种出了轨还理直气壮的人，有什么可顾虑的呢，该撕就撕才更有效。但也不是让你做泼妇，当街大骂，撒泼打滚。既然你有理那就要让你的理发挥作用，至少要争取到自己应得的那一份。

从小我们就被教育：要善良、要宽容、吃亏是福……可是很少被告知，要坚持底线、别被欺负、别人打你得还手……

谁都不会否认宽容是美德，但是我们都不想让宽容成为负担。不故意去欺辱别人，但也绝对不让人触碰自己的底线。能做到宽容而不软弱，有原则没有恶意，也是一种智慧。

与人保持恰到好处的距离

> 保持刺猬取暖的恰到好处的距离,才会带来最长久的陪伴。

中国自古崇尚中庸之道,孔子说:"中也者,天下之大本也;和也者,天下之大道也。致中和,天地位焉,万物育焉。"强调的就是一种恰到好处。

人与人相处亦是如此,恰当的距离才会产生美。唐代诗人韩愈写过一首诗,其中的两句很有名:"天街小雨润如酥,草色遥看近却无。"那远远望去的一片绿油油的景色十分宜人,可是当你走近一看,却只看到稀疏的小草,淡绿色的美景不复存在。确实如此,很多事物当我们置身其中时反而感受不到那种惊心动魄的美,可能会因为看清现实而遗憾,也可能发现了事物的平庸而错过了原本的美好。只有保持恰到好处的距离,才会产生美，才会欣赏到美。

席慕蓉说：友谊像花香，还是淡一点儿才好，越淡才会越持久，越淡才会越使人留恋。最难把握的是人心，保持恰到好处的距离，给彼此留一个舞蹈的空间。

小亦是我的大学室友，她为人热情，好奇心强，凡事都想弄个一清二楚，即便与她毫不相关。

刚上大学的时候，我最先认识的就是她，因为她实在是热情得让人不得不记住。

"来来来，我帮你提，这个箱子是你的吧？里面装的啥呀，这么沉？"小亦一边拖着多多的行李箱一边问道。多多很感激小亦的帮忙。两人从一入学开始就成了最好的朋友。

从此无论到哪里都能看到这两个姐妹花在一起的身影。上课路上，手牵着手；到了教室肩并着肩坐；去洗澡、去吃饭也都是两个人一起……我们经常打趣地说小亦和多多是连体儿。她们亲密的关系也让我们宿舍里的众多姐妹羡慕不已。

可是好景不长，一个学期过去后，多多和小亦似乎成了不共戴天的仇人。当时好得像是一个人似的，如今却水火不容，我们宿舍里剩下的几个姐妹为了帮她俩重归于好，决定兵分两路，各个击破以找到两人闹矛盾的原因。

第二天一大早，我热情地叫多多去打热水。在打水的路上我旁敲侧击，软硬兼施。终于知道了多多和小亦吵架的原因。

"小亦毛病太多了，别看我们一起上课吃饭。其实每次上课的时候都是我背着书包，她把她的书本和水杯全都放到书包里，我要背着两个人的书。这也就算了，买饭的时候每次都是我买贵的，她买便宜的，而且她吃饭的时候还有好多让人讨厌的毛病……"多多顿了顿，满脸的委屈。

多多又说了很多难以忍受小亦的原因，都是我从没注意到的问题，或许只有亲密接触后才会发现。

让她俩"破镜重圆"似乎是逆天而行，也许现在的状况才是最好的，没准等她俩冷静下来之后彼此还能发现对方的好。

古人曾曰"君子之交淡如水"并非没有道理。过于亲密，就会发现更多的瑕疵，超越了对方的底线，最终造成关系越好却越陌生的悲剧。

友情如此，爱情亦如此。相爱的刺猬，相互拥抱会刺痛对方，遥遥相望却感受不到温存，恰到好处的距离，才会带来最长久的陪伴。有人说：谈恋爱就像放风筝，线放得太短飞不起来，太长容易折断，适度的调整距离，才会飞得更高更远。

事事都有一个尺度，每个人都需要一个令自己舒适的自我空间，外人只有站在这个空间的边缘，才会让自己和他人都感到舒适，这就是恰到好处的距离。

不管是父母与孩子的关系、兄弟姐妹间的关系、朋友间的关系、爱人间的关系还是上司与下属间的关系，如果跨越了界限，就会让人产生不安的情绪。

适当的沟通会消除误会，但是过度的交流则会让人身心俱疲，所以还需要一种合适的距离来制造美好。

珍惜眼前人

失去后才珍惜，已经没有意义，怀念过去和憧憬未来都没有珍惜眼前人来得实在。

听到过一个触人心弦的小故事：从前，有一个人，他不明白何为缘，于是他问隐士，隐士想了一会儿说："缘是命，命是缘。"此人听得糊涂，于是又去问高僧。高僧说："缘是前世的修炼。"那人仍然不解自己前世如何，所以便去问佛祖，佛不语，只是用手指向天边的云。这人看去，云起云落，随风东西，于是领悟到：缘是云，云聚也是缘，云散也是缘。

缘不可求，天下无不散之筵席，与其离别时凄凄惨惨，不如珍惜眼前人。

很多人，包括我们的父母、兄弟姐妹、亲戚、朋友、同学、同事，不管有没有血缘关系，总有一些人是你生命中的流星，划过天空就消失了，抓不住，便任他而去吧，留在身边的，一定是需要你珍惜的人。

　　表哥今年从武汉回到老家后，决定不再离家，至少在父母健在的日子里不再远走他乡。

　　表哥说，这次回家见到两位老人苍老了很多，头发白了、背也驼了，心里十分内疚。以前一直觉得父母还年轻，在一起的日子还很长，可这时才发现能陪在父母身边的日子其实很有限。

　　现在的子女，很多都离开家乡到外地上学，工作了的年轻人都在外地上班，路远的每年才能回家一次，有时买不到车票，连唯一一次回家看望父母的机会都没有了。

　　我们没有办法拖住时光，没有办法阻止父母老去，但可以珍惜他们在身边的每一分每一秒。即使再忙碌，都要珍惜健在的父母，不要留下难以弥补的遗憾。

　　爱情中，几乎所有人都有这山望着那山高的心理。可是抓不住的都是浮云，留在身边的才是真情。

　　小玉是一个漂亮又有才情的女子，曾经是我们学校的校花。她不但长得漂亮而且学习很好，家庭条件也十分优越，可以说是人人羡慕的白富美。

这样的她自然吸引了不少男孩子的目光，追求她的男生各种类型的都有。其中有一个很老实的男生，一直对她默默地付出。

可是小玉的心里一直装着与她同样优秀的学长。两人一个沉鱼落雁，闭月羞花，一个美如冠玉，风流倜傥，我们也觉得这一对才子佳人更般配。

可是由于小玉自尊心极强，加上向来都是被男生追求，她只好把这份爱恋深深藏在了心底。直到小玉知道学长毕业后要去加拿大留学的事才方寸大乱。

一个月后，我在学校里再也没有见过小玉。听同学们说她向学长告白了，还央求家里自费送她去了加拿大。而那个很老实的男生放弃了保研的机会，也一路追随她去了加拿大……虽然对于那个男生来讲，放弃保研的机会去加拿大并不是一件容易的事。

后来小玉为了学长拒绝了那个男生，但是学长心里却没有她……

再见到那个男生时，他身边是从加拿大带回来的女朋友，但并不是小玉。

小玉曾经后悔过，一个那样好的男生在眼前时她没有好好珍惜，却偏偏要去抓不属于自己的烟火。等想回头的时候，那个人已经不再等在那儿了。

有些时候你不珍惜眼前人，当你想要珍惜时，他已经不再是你的眼前人了……

我突然想起一张很经典的图片：一个女生给前面的男生打伞，她后面的男生却不顾自己会淋湿而给她打着伞。

爱情，合适就好，没有完美，只要朴实的平淡便好。

如果你懂得珍惜，你会发现你获得的越来越多，如果你不顾一切去追求远在天际的虚无，你会发现你失去得越来越快、越来越多。

得不到的东西永远是最好的，这似乎是永恒不变的真理。珍惜或放弃，是我们生命中必经的选择，即便你什么都不选，也是一种选择。有选择就会有失去，失去的让它随风而去，保留的就要好好珍惜。

突然想起宋朝词人晏殊的一首词，它的下半阕是这样写的：满目山河空念远，落花风雨更伤春。不如怜取眼前人。

懂得拒绝

学会说"不",因为一个不懂得拒绝的人永远不会赢得真正的尊重。

一个不懂得拒绝别人的人,面对上司、同事和亲友们层出不穷的请求,都不会说"No",最后被各种各样的请求所束缚,天天应付自己不想做的事,真正想做的事却没有精力做。

我原来的一个同事小 K 是个努力、善良的女孩。在公司,别人要她帮忙做的事情她从来不会拒绝,哪怕那件事会让她花费三四倍的时间去做,她从来都是委屈自己成全别人。不懂拒绝的她被额外的任务压得喘不过气来,她牺牲自己娱乐、睡觉、吃饭的时间去帮助别人,而为了自己的工作,不得不加班,搞得自己身心俱疲,却被人偷笑：她可真傻。

小K以为不拒绝别人就会得到他们的好感和尊重，可是事与愿违。她不知道，有时拒绝，才会让我们赢得尊重。

在工作中常常会遇到和同事、上司对于产品的认识不一致的时候，如果你认为自己是对的，就一定要坚持。如果经过市场检验，产品成功了，你也会赢得他们的尊重和信任。这是我们做一件事情的意义，也是职业精神的表现。

同样的道理，懂得说拒绝也适合于情场。对坏的爱人说"No"，才有遇到好的爱人的可能。拒绝我们内心排斥的事，拒绝我们不喜欢的人。人生太短，一定要把时间浪费在对的人身上。身边好多女性朋友，都是久经渣男考验的超级剩女，虽然在颠沛流离之后也找到了自己的如意郎君。但回首当年，也会唏嘘时光虚度和遇人不淑，本该多花时间在自己身上，努力升值。

晶晶大学时候谈过好几个男朋友，每次她都难以拒绝男生甜言蜜语的主动追求。不懂拒绝，让她大学四年的青春一直轮回在恋爱和失恋之中，却没有时间和精力做自己想做的事情。最后不但没有抓住感情，也没有经营好自己。

有句古话叫作"死要面子，活受罪"，这是很多人的状态。我们往往可以为了脸面而忍辱负重。宁可自己吃亏也要在面子上过得去。似乎这样就使自己在周围的人中有尊严，被人看得起。其实很多时候这样做的结果会使人不得不放弃为人处世的一些需要坚守的原则，而失去了原则得到的面子可以说是一文不值。

懂得拒绝，让你成为你自己。

《无声告别》的那句话说的好：我们终其一生都在摆脱别人的期待，成为我们自己。事实上，我们也只能在时间中坚持做自己，和成为我们自己。

拒绝无聊的饭局和见面，安静下来读几本好书；拒绝没有营养的交流，享受独自看电影的时光；拒绝毫无节制的信用卡消费和大餐，慢下来烤烤面包、磨磨咖啡……

所有秩序井然的生活，都始于对另一种混乱生活的拒绝。所有进取开拓的自主意识，都始于对自满停滞状态的摒弃。

常怀感恩之心

落其实者思其树，饮其流者怀其源。

得到沙漠里的一滴水和海洋里的一滴水，哪一个会让你更感恩上天？答案往往是前者。人们就是这样，往往在身处逆境和困难之中时更容易心怀感恩，却心安理得地忽视了那个给你一片大海的人。

一个小女孩儿，到了青春期。渐渐地有了自己的想法，而且更加注重隐私。一天妈妈在给她收拾房间时，看到了一个漂亮的本子，便好奇地翻开来看。谁知那是小女孩儿的日记本，这一幕被放学回家的小女孩儿看到，与母亲大吵一架后便负气离家出走了。

由于是晚上，天气渐渐转凉。小女孩儿衣服单薄，冷风吹来冻得她瑟瑟发抖。不一会儿肚子咕咕地叫了起来，她这才意识到自己还没有吃晚饭。闻着饭香，小女孩儿不知不觉地走到了一个卖面的餐馆前，但是身无分文的小女孩儿不敢上前点餐。

这时老板看到了躲在角落里的小女孩儿，温柔地朝她招招手。见到小女孩儿犹豫地走到跟前，老板说："饿了吧，先坐那儿。我给你煮碗面。"小女孩儿受宠若惊，慌乱地说道："我，我没有带钱……""没关系，算是我请你的。"小女孩儿顿时感激得连连道谢。

不一会儿老板端着一碗香喷喷的面送到小女孩儿面前说："吃吧，没放香菜。"小女孩儿愣住了，好奇地问："您怎么知道我不吃香菜？"这时老板坐在小女孩儿旁边耐心地讲着："有一个蓬头垢面的母亲，拿着自己女儿的照片到处问别人是否见过她女儿。在她想到的女儿可能经过的路上遇到饭店时，她付给老板一顿饭钱，并再三叮嘱道若是见到照片上的女孩儿，一定要让她吃饱饭，还有她不爱吃香菜……"看到小女孩儿默默地流着眼泪，老板意味深长地说道："我们往往容易被陌生人的一点儿帮助感动，却对父母十几年乃至二十几年的恩情视而不见。"

小女孩儿再也听不下去了，想到站在门口等她回家的母亲，飞奔而去……那个小女孩儿就是我。

鱼儿永远看不到大海的泪，孩子永远看不到父母的累。拥有温暖怀抱的我们虽然感觉不到寒冷，但是也不知道什么是温暖。因为你深处大海，所以不在乎那一滴水的付出。"乌鸦反哺亲，羊羔知跪乳"，普普通通的动物尚知感恩，何况作为万物之灵的我们呢。

从那以后，我时刻铭记，要有一颗感恩之心，不管是对自己的亲人，还是给过自己帮助的陌生人。

不懂感恩之人不可交，因为你为他付出一分他会索取十分。最终无私奉献的你却成了被讨债之人——虽然你并不欠他什么。

听过一个很有名的故事：

有一个人，家门口时常蹲着一个乞丐，那人见乞丐可怜，便每天给那个乞丐十元钱。这样过了一个月。那人给乞丐的钱变成了五元，乞丐很是不高兴，但也没说什么。两年过去后，那人每次给乞丐的钱减成了两元。乞丐终于忍不住了，问道："你怎么给我的钱越来越少了啊？"那人说："之前，我是单身，所以给你十元。后来我有了老婆，花销大了，就给你五元。现在我有了儿子，钱用得更多了，所以只能给你两元。"乞丐听了勃然大怒："你居然拿给我的钱养你的老婆孩子！"

听完这个故事，很多人都陷入沉思。明明是被别人的帮助，却被乞丐认为那原本就是自己的，不但对别人的帮助不知感恩，还索取更多。每个人在人生的旅途中，往往都会接受他人的恩惠，我们应该把那些恩惠铭记在心，并用感恩之情回报世界，如此我们的生活会变得越来越美好，我们会越来越幸福。

在印度加尔各答儿童之家的墙上，有特雷莎修女的一段话："感恩伤害你的人，因为他磨炼了你的心态；感恩绊倒你的人，因为他强化了你的双腿；感恩欺骗你的人，因为他增进了你的智慧；感恩蔑视你的人，因为他觉醒了你的自尊；感恩遗弃你的人，因为他教会了你要独立；感恩失败，因为它使你成为一个有故事的人；感恩成功，因为它使你生命充满精彩、写满美丽；感恩掌声和鼓励，因为它给你更大的能量和勇气；感恩机智和鼓励，因为它警醒了你的自知和自明。凡事感恩、学会感恩，感恩一切造就了你的人，感恩一切使你成长的人……"

是啊，心存感恩，我们可以擦亮自己的内心而不致使其麻木，让自己的人生充满阳光而不是暗无天日。我们应当时刻谨记，没有任何人是应该不求回报地为我们付出的，即使是父母也没有义务为我们奉献自己的一生。任何给予过我们帮助的人，我们都应当记在心里并送上真诚的感谢。

你的内心充满了什么，你看到的这个世界就是什么样的，你是什么样的人，你就会认为别人是什么样的人。常怀感恩之心，用一颗善良的心去理解别人、关心别人，那么人和人之间就会少些抱怨、多些理解，少些计较、多些宽容，少些仇恨、多些友爱。

常怀感恩之心并知恩图报，其实是人生的大智慧，拥有感恩之心，你就是这个世界上最富有的人，也会是最快乐的人。

你很棒,为什么要自卑?

> 每个人都是上帝咬过一口的苹果,我们不必为那块缺口自卑。

我一直以为"自卑"这个词只适合长得丑,挣得少,又单身的男女,而与颜值高,工作好,另一半帅气、漂亮的美女帅哥根本不沾边。后来才发现,自卑跟优秀没有太大的关系。如果你很多方面都很优秀,但是非得用自己的短处去跟别人的长处比,那就是自己跟自己过不去了。

身边有两个性格迥异的姑娘,小 A 活泼大方,聪明伶俐,大概跟从小生活在和睦温馨的家庭有关;小 C 从小跟着外婆长大,乖巧懂事,性格内敛,只要和陌生人说话就会不自觉地脸红。小 C 说,她很羡慕小 A 外向又自信的性格，也很羡慕她能很好地处理跟别人的关系。小C其实很害怕跟小A在一起，因为那会使她有更强的压迫感，她会感到更自卑。

在一个周六，我正在跟小C聊天喝茶，小A突然来找我。见了我们硬要拉着我们陪她去喝酒，于是很难得三个人聚到了一起。

原来小A升职了，要我们陪她一起庆祝。酒过三巡，小C控制不住自己的感情，哽咽起来，借着酒的魔力，她说了很多以前从不敢说的话。她说自己家庭条件不好，个子矮，长得也不好看，性格内向，又不会处理人际关系，工作上一直也没有晋升，觉得自己样样不如别人，也不敢谈恋爱，有喜欢的人也不敢追求，总怕别人嫌弃自己，朋友也没几个，也就跟我在一起还比较自在……她很羡慕小A外向的性格、姣好的面容和交朋友的能力，羡慕我的成熟和睿智，可以写很多文章，总结出那么多的感悟……小C流着眼泪。

我和小A面面相觑，没想到觉得自卑的自己也被别人羡慕着。小A大专毕业，在学历方面总觉得自卑，她佩服小C学习用功，头脑聪明，在研究生学历的小C面前抬不起头，所以她工作中付出了双倍的努力来弥补自己在学历上的低人一等……

而曾经的我也很自卑。高中那会儿暗恋我们班的第一名，他不仅是班里的第一名，还是我们学校的第一名，而我的成绩只是十名左右，对于我来说，他就是我的学霸＋男神＝大神。再加上我认为自己其貌不扬，根本配不上那么优秀的人，我从没敢跟任何人提起过。

有一天晚自习结束，我没有立刻离开教室，继续写自己的小文章。突然感觉有人站在我身边，猛然抬起头，我看到第一名正低头看着我，"在你面前我觉得好自卑！"没想到他嘴里会说出这样的话，那会儿真的被吓到了，我没敢出声，其实内心想的是：大神，您学习都那么好了，是在逗我吗！"你会去学文科吧？你的作文总是写得那么好，语文是我最弱的一科了，有时候真的很羡慕你，有一个自己的爱好。而我虽然总体成绩不错，那只是因为我不偏科，总感觉自己是一个什么都懂一点儿，但是什么都不精通的普通人。真的很羡慕你的写作才能……"

顿时，我有一种醍醐灌顶的感觉，原来即使看上去多么优秀的人也有自己的小自卑。也许我们都是天上的一颗星星，自卑的时候就是处于白天的时候，我们只看到太阳的光芒而忽视了自己所散发的光芒。其实我们都很棒，你自卑并不是因为你不够优秀，只是你错拿起自做个刚刚好的女人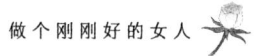

己的短板去跟别人的长板较劲儿,那必然是会输的。

自卑并不是个好东西。由于自卑,你不相信自己能把事情做好而错过向领导展示自己的好机会;由于自卑,你不敢去追求自己喜欢的人,错失一段美好姻缘;由于自卑你觉得配不上你的男朋友,甘心为他当牛做马却丢掉了自己的幸福;你担心别人眼里的你不够好,你觉得什么事情出了问题都是你的错,你不敢跟你认为比你厉害的人相处,害怕被嘲笑……

人无完人,每个人都有自己的不足,其实每个人都有每个人的自卑。法国著名文学家罗曼·罗兰曾经说过:"先相信自己,然后别人才会相信你。"

每个人都是一种花,散发着独特的馨香,拥有着不同的颜色,绽放着不同的形状。我们不必因为别人的绚丽忽视了自己的美,相信野百合也有春天。

卸下自卑,接纳不完美的自己。

会说话的女人更幸运

所谓情商高,就是会说话。

一个会说话的女人就像冬日里的暖阳,能给人无限温暖,能在你伤心的时候带给你安慰,在你痛苦的时候带给你快乐。无论在什么情况下,会说话的女人都会更好地处理人与人之间的关系,不仅会有好人缘,还会有甜蜜的恋爱,美好的婚姻。

所谓情商高就是会说话,跟他聊天是一件让人心情愉快的事情,他们一般能左右逢源,在职场、人际交往、婚姻关系中如鱼得水。可是有的人说起话来却很让人崩溃。

最近，我的一个好哥们儿大刘和女朋友分手了。记得那个女孩儿有着精致的面容，匀称的身材，大刘绝对是修了几辈子的福气才遇到这么漂亮的女孩子。

我们都责怪大刘，那么好一姑娘，怎么不好好对人家，现在被甩了纯粹是活该。大刘愤愤不平，他说根本不是被甩的，是自己实在受不了天天被教训才提出的分手。

大刘说了好多他俩在一起的时候的不愉快的事情。比如陪她逛街，大刘手里拎着大包小包，开门的时候没能第一时间帮女朋友开门，她就开始不满："你是死人啊！这么沉的门也不帮我开一下，没眼力见儿。"

一起吃饭的时候，大刘很懂事地让女朋友点菜，她一边点菜一边说："你怎么这么没主见呢，点个菜都问我，你不知道我喜欢吃什么吗？"大刘很无语。

大刘吃相不是太好看，女朋友说他吃饭的时候像猪，大刘被气得够呛。

大刘委婉地说过让她不要说话这么难听，可是她还振振有词：我可不是那种只会发嗲哄人的女生，我性子直，再说我也完全是对你好才这么直接地指出你的毛病的，陌生人谁会搭理你！以后天天跟你在一起的人是我，我当然得指出你的问题啦，要不然以后怎么生活啊。

这样的事情数不胜数。

十一期间两人一起去看房子时,女朋友对大刘的表现极其不满成了他俩分手的导火索。由于自己对房子的事情不太懂行,所以大刘叫上了一个刚买过房子的好哥们儿。看房的过程中,那个哥们儿还是很负责任的,帮他们询问各种问题,所有的销售都以为要买房的人是大刘的哥们儿而不是他们。

回家的路上,大刘女朋友脸色就特别不好,等到只剩他俩的时候,女朋友终于发作了。她说大刘没担当,这么重要的事情全是让朋友打头阵,一点儿事都不顶,她把大刘说得一无是处,最后一句"你一点儿都不像个男人"彻底激怒了大刘,分手的悲剧就是这样上演的。

大刘说跟女朋友在一起以后,她每句话都带着刺,刺得他遍体鳞伤。其实有的时候,女朋友提的建议挺对的,可是她说话的方式很让人反感,谁还能听得进去她的话。

性子直并不等于说话难听,一个说话处处带刺的女人,即使本意有千般好,还是会让人讨厌的。我暗自为那个女孩儿担心,我不知道她工作中是怎么和同事相处的,但是如果她意识不到自己不会说话的问题,还是很难找到幸福的。

我曾见过两个好朋友，只因为一个人的一句话伤害了对方导致两个人分道扬镳、形同陌路；我也见过职场新人因为一句话得罪了领导而被扫地出门；我遇到过一个人，不管你跟他聊什么，他都会说"我知道……"，也不管你到底是要说哪方面，然后根据自己的想法长篇大论，让人很没有存在感；还有的人，无论你说什么，他都会先否定你，让人觉得很尴尬……

会说话是一门艺术，是一个人情商高、有内涵的表现，也可以让一个女人变得幸运。

慕婷是我的好朋友，我们都羡慕她的幸运，不仅工作顺利，还找了个会疼她的好老公。每当我们羡慕不已的时候，她却不以为然。她说刚结婚那会儿真的吵过几次架，几乎都是因为说话方式或语气的问题，但后来想想吵架太伤感情，还不如好好说话更省心。

她给我们举了个例子。有一次，慕婷的老公很晚了还没有回家，她很担心，就发微信给老公，问几点能回来，大概过了半个小时，老公回复：怎么了？还在加班。这样没有温度的回答让慕婷很不高兴，但是她压抑着心中的不快，说：这么晚还不回来，有点儿担心你。

可是过了很久，老公却没有再说任何话。

半夜老公回到家里，慕婷十分生气地质问：大半夜不回家，也不知道打个电话告诉家里一声，发微信给你，你却爱答不理，你还有没有把我当老婆！

一回到家就听到妻子这样的指责，忙碌了一天的老公很不高兴，也对着慕婷吼道：我辛辛苦苦赚钱养家，你竟然态度这么恶劣，不知道体谅还质问起来没完没了……

两个人就这样大吵了一架，彼此都觉得很委屈。

从那以后，慕婷意识到好好说话的重要性，两人的关系也莫名地亲密起来。

听过这样一个故事，古代有一位国王，一天晚上做了一个梦，梦见自己满嘴的牙都掉了。于是，他就找了两位解梦的人。国王问他们："为什么我会梦见自己满口的牙全掉了呢？"第一个解梦的人说："皇上，梦的意思是，在你所有的亲属都死去以后，你才能死，一个都不剩。"皇上一听，龙颜大怒，杖打了他一百大棍。第二个解梦人说："至高无上的皇上，梦的意思是，您将是您所有亲属当中最长寿的一位呀！"皇上听了很高兴，便拿出了一百枚金币，赏给了第二位解梦的人。

同样的意思，说话方式不同产生的效果就不相同，可见会说话真的很重要。

经常听到身边人的各种家长里短，可能就是因为一句话说得过分了，两个亲密的人就大打出手，互相撕打起来，然后话越说越过分。

就算再愤怒，也不要说真正伤害对方自尊的话。越是熟悉的人，越是知道对方的死穴，所以说出来的气话往往具有毁灭性。

做一个会说话的女人，好好对待身边的人，包括家人、朋友、同事，你会发现比一般人更幸运，也会更幸福。

我们终其一生都在摆脱别人的期待，
成为我们自己。